# 地球環境政策

CRUGE

宇沢 弘文・田中 廣滋 編

中央大学出版部

# プロローグ

　20世紀，特に第二次世界大戦後の先進諸国における急速な工業化や都市化の過程を振り返ってみると，もっとも憂慮されるべき現象は地球環境の汚染，破壊であるといってよいであろう．現在の環境問題は，自動車交通公害やゴミ問題，生活排水による水質汚濁などの都市型生活公害のみならず，地球温暖化，気候変動，酸性雨，オゾン層の破壊，森林や野生生物の減少など，地球環境の不安定化，不均衡化に起因すると思われる現象に至るまで多岐にわたっている．一方，多くの発展途上国においても人口増加，工業化，都市化は先進諸国を上回るスピードで進行しており，同様の問題が無視できない程度にまで顕在化している．個々の環境問題を見ると，影響が及ぶ空間的範囲や対象となる人間や生物，社会制度などは異なるものの，共通の特徴としてあげられることは，問題が複雑化，重層化，広域化していることであろう．

　また，これらの地球環境問題は非可逆的であり，今後永続的に影響が大きくなるものと懸念されることから，人類全体の問題としてとらえる必要があり，加えて，単に現在の世代だけでなく，将来の世代に対する責任も考慮しなければならない．人類にとって重要なことは，地球環境は人類の生存と活動の基盤であることや自然による環境の浄化能力にも限界があることを認識すること，そして地球環境に配慮した豊かな社会を実現することであろう．人類がこれまでに森林，河川，土壌，海洋などの自然環境に人工的ないしは人為的な手を加えてきたのは，いうまでもなく豊かな社会を築くためであったが，この過程を通じて深刻な自然環境の破壊とそれに伴う文化的，人間的荒廃を経験してきた．これは経済社会のあり方やこれを構成する経済主体の行動様式に疑問を呈示するものであり，深い反省を迫るものである．経済社会の再構築は人類の生活様式，社会的，経済的諸制度のあり方とも深く関わる問題であるため容易に解決可能な課題ではないが，少なくとも現時点で検討を要することは，幅広い

地球環境問題に直面した場合に，これにどのように対峙していくかを考えること，環境をコントロールするために有効な政策は何であるかを模索していくことであろう．近年の環境政策には多様な手段が開発され現に適用されているが，その中で経済的手段は重要な貢献ができるものとして大きな注目と期待を受けており，またその実現が可能であるに違いない．

本書は，複雑化し地球的規模で拡がりを見せている環境問題に関して，環境政策と経済的手段の関係を示しながら，望ましい政策や制度，将来の展望を与えようとするものである．本書を構成する8つの論文は，中央大学地球環境研究推進委員会（CRUGE）に直接，間接に関わりを持つ研究者により執筆されたものであり，越境汚染問題と公共政策（第1章，第4章），国際協力や途上国の環境保全政策（第2章，第7章），民間の環境保全活動と政府の環境政策との関係（第3章，第6章），制度の効率性（第5章），環境改善への排出主体の主体的役割（第8章）といった側面から具体的な問題を取り上げ，経済学的方法により理論的，分析的，制度的に，執筆者各人の専門的観点を踏まえ考察が展開されている．

本書はCRUGE研究叢書第1号として刊行されることになったが，地球環境問題という今後21世紀の日本，世界の経済，社会が長期にわたって直面する最も重要な課題のひとつを取り上げており，この分野に関する政策的諸問題を考察するときに，効果的な解決策のひとつの参考になることを期待したい．

2000年1月

宇沢弘文・内山勝久

# 目　　次

プロローグ　　　　　　　　　　　　　宇沢弘文・内山勝久

## 第1章　越境汚染と環境技術促進課税
　　　　　　　　　　　　　　　　　　　　　　田 中 廣 滋

1. はじめに……………………………………………………… 1
2. 2国モデルと越境汚染問題………………………………… 3
3. 国際的な所得の再分配機構………………………………… 5
4. 汚染物質の最適削減………………………………………10
5. 非効率な削減水準…………………………………………12
6. 交渉に基づく再分配機構…………………………………14
7. 削減に関する効率的な解の存在…………………………16
8. おわりに……………………………………………………18

## 第2章　持続可能な開発のための国際協力
　　　　──南北関係の視点から──
　　　　　　　　　　　　　　　　　　　　　　鳥 飼 行 博

1. はじめに……………………………………………………21
2. 経済発展・貧困と環境問題………………………………22
3. 持続可能な開発の原則……………………………………26
4. 環境対策……………………………………………………28
5. 開発途上国への環境支援…………………………………34
6. 草の根の環境保全とその支援……………………………40
7. おわりに……………………………………………………45

## 第3章　環境保全への民間の取組みと政府の施策に関する理論的分析　　　　　平井健之

1．はじめに……………………………………………………………53
2．環境保全に対する民間での取組み………………………………55
3．理論的分析の枠組み………………………………………………58
4．環境保全に対する政府と民間の行動……………………………61
5．補助金・課徴金の導入……………………………………………65
6．おわりに……………………………………………………………70

## 第4章　越境汚染問題と公共交通の整備　　　　　　　　　　宮野俊明

1．はじめに……………………………………………………………75
2．モデルの枠組み……………………………………………………78
3．社会的効率性の条件………………………………………………80
4．地方政府の行動……………………………………………………82
5．おわりに……………………………………………………………86

## 第5章　公害紛争処理制度と公害防止協定　　　　　　　　　本間　聡

1．はじめに……………………………………………………………91
2．公害紛争処理制度…………………………………………………92
3．公害防止協定………………………………………………………99
4．非対称的情報下のコースの定理の効率性……………………101
5．おわりに…………………………………………………………106

## 第6章　環境保護団体の活動を用いた環境政策の有効性　　　牛房義明

1．はじめに …………………………………………………………111
2．公害・環境訴訟の理論的枠組み ………………………………113
3．社会厚生と最適な補助金と課税 ………………………………122

4．おわりに …………………………………………………128

第7章　タイの環境関連プロジェクトと金融システム
　　　　　　　　　　　　　　　　　　　　　　岸　　真　清
　1．はじめに …………………………………………………131
　2．アジア諸国の環境問題 …………………………………132
　3．タイのプロジェクトと日本資金 ………………………137
　4．タイ金融市場の整備 ……………………………………142
　5．むすび ……………………………………………………150

第8章　環境政策と企業の主体的な貢献
　　　　　　　　　　　　　　　　　　　　　　田　中　廣　滋
　1．はじめに …………………………………………………153
　2．企業の環境保全への取組みと情報の非対称性 ………155
　3．環境改善に関する収益率と努力水準 …………………159
　4．環境改善の収益率と市場構造 …………………………163
　5．政府活動と社会的な厚生 ………………………………164
　6．おわりに …………………………………………………167

エピローグ　　　　　　　　　　　　　　　　　田　中　廣　滋

索　　引

# 第 1 章

# 越境汚染と環境技術促進課税

## 1. はじめに

　運輸省は自動車税制を自動車の燃費に応じて異なった税額を定めるグリーン税制を提案している．首相の諮問機関である政府税制調査会も，1999年6月22日の総会での議論を受けて，自動車諸税のグリーン化構想を検討項目とした．一方，1999年6月24日の日本経済新聞ブリュッセルからの報道では，「欧州連合（EU）は，欧州の自動車業界と2008年までに域内で販売する乗用車の$CO_2$の排出量を95年に比べて平均25％削減することで合意」している．この合意は韓国の業界との間でも成立しており，日本の自動車業界との間で交渉が進められた．1999年9月16日，日本自動車工業会は，欧州委員会に次のような日本車の$CO_2$削減目標を提案した．[1]その提案の要点は2009年までに新車の平均$CO_2$排出量を走行距離1km当たり140g減らすことにある．この140gという数量は欧州メーカーと同じ値であるが，削減率は1995年の実績値と比較した削減率は31％と欧州メーカーより大きい．その代わりに，日本自動車工業会は欧州委員会から欧州諸国と比べて実施を1年遅らすことの同意を得ることにした．[2]また，1999年9月8日，WTOにおいても次期貿易交渉のために一般理事会非公式会議が開催され，貿易と環境の関連問題が中心的に議論された．[3]具体的に

は，ワシントン条約のような多国間環境協定を実施するために定められる貿易処置，環境保全への対応する製品であることを示すエコラベル，漁業補助金が資源の乱獲をもたらす可能性などが議論された．

　$CO_2$などの温室効果ガスの排出は日常生活，生産活動，運輸など広範囲に及んでいるだけでなく，市場機構で実施される取引に密接に関係する．それだけに，課税や規制など市場機構に影響を与える手段が$CO_2$の削減に果たす有効性に関する議論は環境経済学の主要なテーマとなっている．ところで，$CO_2$の削減が地球規模で実施されるべき問題であるとの認識が高まっているが，その一方で$CO_2$の移動発生主体となっている自動車の製造と販売が有力メーカーによって地球規模で展開されるという現実がある．各国は独自の環境政策を自主的に実行することが可能であり，その政策の実行を通じて$CO_2$削減に貢献する．各国が独自に環境政策を実施することが原則であるとしても，欧州における自動車の排気ガス規制の報道にも表れているように，ある国の環境政策が実施される過程において，他国の排出主体もそこで定められる規制と無関係ではいられない．市場の規模や生産量が周辺の諸国に対して圧倒的に大きな国が採用する環境政策は，経済活動の規模が比較的に小さな諸国による環境問題への対応に影響力を有している．原則的にいえば，このような個別の対応より国際機関における環境の規制に関する話合いを通じて，$CO_2$削減を実施する努力を積み重ねることが今後とも継続されるべき最良の方策であるといえる．ところで，このような国際的な話合いでは，温暖化の防止に顕著な効果を有する合意を実現するための過程が順調に進むことが容易ではないばかりではなく，その目標を達成するための政策を各国が実施する段階でも種々の困難が待ち受けている．

　地球全体で達成される$CO_2$削減の合意を待つのでなく，$CO_2$削減に関して種々の有効な政策をできることから実施することが望ましいであろう．それらの環境対策のなかで，経済的に大きな規模を有する諸国が，温室効果の削減に先導的な役割を果たすことが，一つの選択肢であると考えられる．このような方策をわれわれが実際に選択するまえに，その政策の削減効果の効率性を判定

する必要がある．1999年に，著者はCRUGEのディスカッション・ペーパー・シリーズのなかで，公共財の自発的な供給に関する理論を用いて，次の命題の成立を確かめた．2国モデルにおいて，このような経済的に大きな規模を有する国が公共財供給の理論で有名なSamuelsonの最適条件を満たす汚染物質の削減を実現する再分配機構が存在する．いいかえると，$CO_2$などの削減を通して最適な地球環境の実現に重大な貢献をすることができる諸国が存在しており，その能力を有する諸国は最適な地球環境を実現するために再分配機構を構築すべきである．以下において，その機構の概略とその機能が解説される．

## 2．2国モデルと越境汚染問題

地球環境問題への第1次接近として，越境汚染問題を考えてみよう．2つの隣接する2国$i$と$j$があるとする．$i$は$j$より大きな経済活動の規模を有する国であり，以下では，説明が容易になるように，$i$は先進国，$j$は開発途上国であるとしよう．もちろん，ここで論じられる主要なテーマは，地球環境の問題に指導的な役割を果たすべき諸国の存在とそれらの主要国の最適な環境政策であり，$i$と$j$の区別は経済活動の規模の大きさに求められる．したがって，ここでの分析は種々の経済活動の規模を有する国家群から構成される国際社会の環境問題に適応可能である．環境に関する通常の経済学的な分析において，環境は公共財のストック水準を表し，汚染物質の削減は公共財の供給であるとして取り扱われる．環境汚染が問題となる地域にある2国$i$と$j$には，それぞれ$n_i$と$n_j$の数の住民が居住するとしよう．住民の総数は$n(=n_i+n_j)$である．$i$と$j$の2国において，それぞれ同様な生活水準が営まれており，それぞれの国の住民は$g_i$と$g_j$の排出削減をするとしよう．ここでは，汚染物質の削減が議論されているので，$g_i$と$g_j$は非負の数であると想定される．少し厳密に述べると，$1 \leq h \leq n_i$を満たすすべての$h$と$n_i+1 \leq k \leq n$を満たすすべての$k$に関して，

$$g_i = g_h$$

$g_j=g_k$

と定義される．この2国によって実現される汚染物質の削減量は

$$G=\sum_{h=1}^{n}g_h \tag{1}$$

と定義されるが，簡便に

$$G=n_i g_i+n_j g_j \tag{2}$$

と表記される．

　汚染物質削減の限界費用は1であると仮定される．$i$と$j$の2国において，生活水準だけでなく生産技術が異なることが一般的であるといえる．ところで，このような2国の間において，汚染物質削減の限界費用が等しくなるような排出削減方法が効率性の観点から望ましいといえる．排出権市場や共同実施などにもこのような機能があることが期待されている．あるいは，技術移転を進めることも限界費用の均等化に寄与するであろう．いずれにしても，効率的な汚染物質削減が実現されるためには，この費用の均等化は避けて通ることのできないテーマであり，環境経済学における主要な論点である．限界費用均等化をもたらすメカニズム設計の問題は別の機会に考察することにして，ここでは，このような，限界削減費用の均等化が実現された後にも，効率的な汚染物質の削減を実現するためには，特別な再分配機構が必要であることを明かにする．[4]

　2国$i$と$j$に居住する代表的な個人は公共財である汚染の削減$G$とともに私的財をそれぞれ$x_i$と$x_j$単位消費する．私的財は価値尺度財であり，価格は1に等しい．私的財と汚染削減は正常財である．代表的な個人$i$と$j$の効用関数は

$$u_h(x_h, G), \quad for\ h=i,j \tag{3}$$

で表される．ただし，効用関数は，狭義の凹で連続微分可能である．正常財の性質から，h$=i$と$j$に関して汚染物質削減と私的財との間の限界代替率$MRS_h$ $(=-dx_h/dG|_{効用一定})$は，$x_h$に関して増加，$G$に関して減少関数である．削減がゼロの水準において，各個人の限界代替率は十分に大きく，削減の限界費用1

より大きいとしよう．

## 3．国際的な所得の再分配機構

 2国の間でなんらかの理想的な協力関係が得られるならば，この2国が共同の課税などの経済的な手段を実施することによって，効率的な汚染物質の削減を実現することが期待される．ところが，そのような協力関係は容易には成立しない．このような協力関係がなければ，一つの国において汚染削減のための政策手段が実施されても，他方の国が汚染削減に取組まないことも考えられる．このような場合には，常識的な推論に基づけば，公共財供給におけるフリー・ライダーと似た現象が発生して，最適あるいは効率的な削減は達成されないといえる．しかしながら，一方の国が熱心に汚染物質の削減に取組むことによって，結果的に効率的な削減が実現することはありえないであろうか．以下では，一方の国が先導的に汚染物質削減のために経済的な手段を実施することによって，汚染削減に熱心でない国を含めた越境汚染問題が解決する可能性が論じられる．

 $i$ は先導的に汚染物質の排出削減するために，汚染物質の削減を促進するために課税と補助金を組み合わせた再分配機構を創設するとしよう．Kirchsteiger と Puppe（1997）は，公共財の効率的な自発的な供給を実現する線形の再分配機構を定式化する．ここでは，公共財が汚染物質の削減であると想定されていることから，彼らの再分配機構を使用することにしよう．ただし，$m_i$ と $m_j$ は $i$ と $j$ に対する課税あるいは補助金が課される前の所得である．

$$x_h+(1-\sigma_h)g_h=m_h-\sum_{k\neq h}^{n}t_{hk}g_k \quad h=1,\cdots,n. \tag{4}$$

この線形の再分配機構の説明は以下のとおりである．汚染削減の努力をした個人 $h$ には単位当たり $\sigma_h$ の補助金が支給される．ところで，この $h$ に対する補助金は $h$ 以外の個人 $k$ に一定の比率 $t_{hk}$ で負担を求める．この補助金の構造は汚染削減への次のようなインセンティブを持つものである．汚染削減に努力し

た個人には，その他の個人の負担で補助金を支給する比率 $\sigma_h$ と $t_{hk}$ は 0 と 1 の間の定数である．この再分配機構は

$$\sum_{h=1}^{n} \sigma_h g_h = \sum_{h=1}^{n} \sum_{k \neq h}^{n} t_{hk} g_k, \tag{5}$$

と定式化される．この機構では，各国ごとに収支が均衡することは想定されていない．たとえば，途上国の環境改善に役立つプロジェクトにこの機構から開発援助資金が交付されることが考えられる．このとき，途上国で資金が集まらなくても，環境改善のための設備投資資金が先進国によって賄われる．地球環境や越境汚染の問題への対処のためには，このように各国ごとに予算の範囲内で対応することは必ずしも有効な帰結をもたらさないであろう．

ところで，各国ごとに予算の制約が設定される場合には，(5)式は以下のように変形される．$i$ 国と $j$ 国に所属する個人の集合が $I$ と $J$ で表示されるとしよう．この再分配に関して各国の予算の均衡条件は

$$\sum_{h \in H} \sigma_h g_h = \sum_{h \in H} \sum_{k \neq h}^{n} t_{hk} g_k, \qquad H = I, J \tag{5'}$$

によって定式化される．また，課税後の所得(4)が非負になることは非破産の条件とよばれる．本稿において，同じ国に居住する個人は同量の汚染物質の削減 $g_i$ または $g_j$ を実行する．このことから，補助率に関しても同じ値 $\sigma_i$ と $\sigma_j$ が適用される．ところで，課税に関しては少し説明を要するであろう．同じ国に居住する個人には $t_{ii}$ または $t_{jj}$ の税率の課税が実施されるとしても，他国に居住する個人には $t_{ij}$ または $t_{ji}$ の税率の課税を実施することは可能であるであろうか．まず用語の面からいえば，$t_{ji}$ は $i$ における $g_i$ の汚染削減に対する補助金を支援するために $j$ 国に居住する個人に課される課税の税率であり，同様に，$t_{ij}$ は $j$ 国の汚染削減に関して $i$ 国の居住者に適応される税率である．どのような場合に，ある国の補助金の財源が他国の国民の負担から得られるであろうか．

読者諸氏には，本稿の冒頭で紹介された自動車のグリーン税制の例と欧州連合による $CO_2$ 削減の交渉の事例を想起してもらいたい．いずれの場合にも，

ある一国によって実施される$CO_2$を削減するための再分配政策の影響が他国にも及ぶ例であるといえる．まず，はじめに，グリーン税制の例は，本章で想定されている再分配機構に類似する機能を果たすことが期待される．たとえば，$CO_2$の排出量の少ない車種への低税率の適用は，本章で考察されている自発的な排出削減と同様な効果を持つと考えられる．簡単化のために，減税の財源が，$CO_2$排出量の大きな車種への高い税率によって賄われることになるとしよう．自動車の製造業者間の販売競争があるので，乗用車の価格は同じ性能を持つ車種のクラスごとにほぼ同じとなると考えられる．増税の対象となる車種を製造する自動車会社は，増税される税額を負担しなければならない．このような，仕組みが働けば，$CO_2$の低排出車への補助金が$CO_2$高排出車の自動車会社の負担となる．この財源を負担するのはグリーン税制を実施する国の自動車会社とは限らないのである．その国の自動車の市場に製品を供給する企業に関しては皆この条件に該当する企業はその国籍にかかわらず財源の負担をしなければならない．財源を負担する企業が他国の企業であるときには，その利益が減少することによって，その国の雇用量，配当や投資などにマイナスの効果が表れ，その国の国民所得に悪影響が生じることが懸念される．このように，ある国によって排出削減のために創設された補助金の一部が他国の国民によって負担される可能性は十分に存在すると考えられる．

次に，欧州連合による自動車の排出削減交渉の例が図1を用いて説明される．図1には，上方(a)に$i$国，また，下方(b)に$j$国に関する$CO_2$排出の限界便益と限界費用が表示される．現在の削減水準が$G$であるとき，$i$国は削減水準を$G'$へ拡張することによって，三角形BFCの面積で表示される経済的余剰を獲得することができる．$i$国は規制を強化する誘因を有するといえる．これに対して，$j$国は現状の水準$G$において余剰が最大となり，最適な水準であると判断していても，次の事態が懸念される．$j$国の企業が$i$国の市場から$CO_2$の排出量の規制を理由に排除されるときには，$j$国は大きな市場を失うことによって自動車産業の存立が危うくなる．$j$国は，余剰の損失額である三角形IKJの面積が最大の余剰である三角形HOIに等しくなるまで，$i$国との$CO_2$排出

図1 $CO_2$の削減交渉と所得再分配

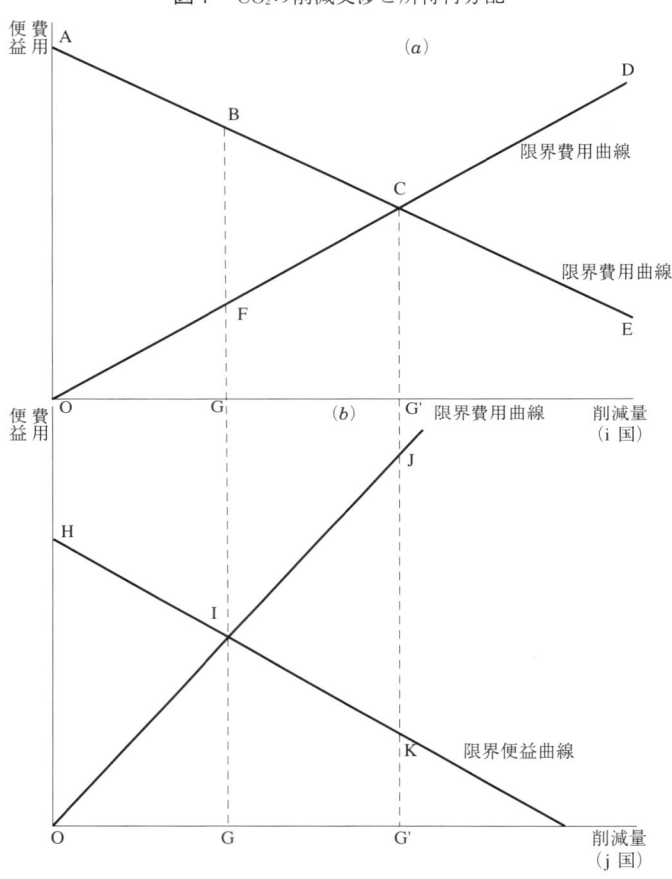

削減交渉に応ずることと予想される．図1は多少極端なケースを表示するが，$i$国との交渉によって，$j$国は，削減水準を変更する可能性があり，結果として，その変更に伴いより大きな負担を蒙ることになるのである．このような措置は，自由貿易の原則の観点からの議論を必要とする．このような，難しい問題が存在することは否定できないとしても，排出量削減の推進のためには$i$国における排出課税の設定によっても同様な効果を実現することが理論的には明らかであるので，国際的な負担の配分あるいは所得再分配は一国の環境政策に

よってもたらされる政策効果の一つに加えられるべきであろう．以上で，(4)と(5)式で想定される所得の再分配機構がここで使用される根拠の紹介を終えて，少し技術的な説明に進もう．

$n$ が5であり，$n_i$ が3，$n_j$ が2であるとき，削減量と補助金支給率と課税率は表1に要約される．(4)式で示される一般的な所得制約条件式は，$i$ と $j$ に関して(6)と(7)式で略記される．

$$x_i+(1-\sigma_i)g_i=m_i-\{(n_i-1)t_{ii}\,g_i+n_jt_{ij}g_j\} \tag{6}$$

$$x_j+(1-\sigma_j)g_j=m_j-\{n_it_{ji}g_i+(n_j-1)t_{jj}\,g_j\} \tag{7}$$

表1　再分配機構のモデル

| 個人 | 1 | 2 | 3 | 4 | 5 | 削減量 | |
|---|---|---|---|---|---|---|---|
| 1 | $\sigma_i$ | $t_{ii}$ | $t_{ii}$ | $t_{ji}$ | $t_{ji}$ | $g_i$ | |
| 2 | $t_{ij}$ | $\sigma_i$ | $t_{ii}$ | $t_{ji}$ | $t_{ji}$ | $g_i$ | $i$ 国に居住 |
| 3 | $t_{ii}$ | $t_{ii}$ | $\sigma_i$ | $t_{ji}$ | $t_{ji}$ | $g_i$ | |
| 4 | $t_{ij}$ | $t_{ij}$ | $t_{ij}$ | $\sigma_j$ | $t_{jj}$ | $g_j$ | $j$ 国に居住 |
| 5 | $t_{ij}$ | $t_{ij}$ | $t_{ij}$ | $t_{jj}$ | $\sigma_j$ | $g_j$ | |

表1を参照することによって，

$$n_i\sigma_ig_i+n_j\sigma_jg_j=\{n_i(n_i-1)t_{ii}+n_in_jt_{ji}\}g_i+\{n_jn_jt_{ij}+n_j(n_j-1)t_{jj}\}g_j \tag{8}$$

と書き表される．(8)式は

$$n_i\{\sigma_i-(n_i-1)t_{ii}-n_jt_{ji}\}g_i+n_j\{\sigma_j-n_it_{ij}-(n_j-1)t_{jj}\}g_j=0 \tag{9}$$

と整理される．予算均衡条件の下で，(6)と(7)を総計すれば，

$$n_i\{x_i+g_i\}+n_j\{x_j+g_j\}=n_im_i+n_jm_j \tag{10}$$

の成立が確かめられる．

ところで，各国で予算均衡条件が設定されるときには，(5)' は

$$\sigma_i=(n_i-1)t_{ii}+n_jt_{ji}$$

$$\sigma_j=n_jt_{ij}+(n_jt_{ji}-1)$$

に整理される．各国の補助率が両国で負担される割合が示される．たとえば，$\sigma_j$ は $i$ 国と $j$ 国に $(n_i-1)t_{ii}$ と $n_jt_{ji}$ の割合で配分される．

## 4. 汚染物質の最適削減

前節において，2国間における所得再分配をともなう汚染物質の削減が論じられたが，その汚染の削減方法が最適な資源配分をもたらす削減方法が本章の主要なテーマとなる．その第1段階として，汚染の最適な削減目標を達成するときに生じる問題点を明かにされる．まず，はじめに，2国の代表的な個人は $Nash$ 的な推測を有するとしよう．各個人は，(6)または(7)のもとで，効用(3)を最大化する行動をする．通常の理論と同様に，2国の国民は正の数量の私的財を消費するが ($x_i>0, x_j>0$)，汚染削減量に関しては以下の状況が想定される．本章では，汚染削減が順調に進まない国際的な環境問題に対応可能な再分配機構の設計が試みられる．このような分析が可能になるように，$i$ 国は正の水準の汚染削減をするが，$j$ 国は必ずしも正の水準の汚染削減を実施しない ($g_i>0$, $g_j \geqq 0$)．たとえば，このような条件が満たされるのは，次のような場合が考えられる．先進国において，温室効果ガス排出削減への取組みが本格化したとしても，途上国は経済開発との関係において，この課題に対して明確な方針を示すことに躊躇する．

Lagrange の乗数 $\lambda_h$ を用いると，一階の条件は $h=i,j$ に関して，(6)または(7)と(11)，(12)と(13)式で示される．

$$\frac{\partial u_h}{\partial x_h} + \lambda_h = 0. \tag{11}$$

$$\frac{\partial u_h}{\partial G} + \lambda_h \{(1-\sigma_h)+(n_h-1)t_{hh}\} \leqq 0. \tag{12}$$

$$g_h \left[\frac{\partial u_h}{\partial G} + \lambda_h \{(1-\sigma_h)+(n_h-1)t_{hh}\}\right] = 0. \tag{13}$$

$i$ に対して，(12)は等式で成立することから，(13)が満たされることも容易に確かめられる．$j$ に関しては，(12)が狭義の不等号で成立する可能性が想定されている．このとき，(13)式において，端点解が示される．この端点解によって示される効率性の問題を論じる準備として，まず，内点解の性質を見てみよう．内点解が成立するときには，環境汚染の削減に関するSamuelsonの効率性条件は

$$n_i\frac{\frac{\partial u_i}{\partial G}}{\frac{\partial u_i}{\partial G}}+u_j\frac{\frac{\partial u_j}{\partial G}}{\frac{\partial u_j}{\partial G}}=\sum_{h=i,j}n_h\{(1-\sigma_h)+(n_h-1)t_{hh}\}=1 \tag{14}$$

と書き表される．(6),(7),(11),(12)と(13)式から，$x_h$, $g_h$, $\lambda_h(h=i,j)$の値が定まる．次に，Samuelson条件(14)と予算均衡条件(11)を同時に満たす補助率と税率が存在するための条件を考察しよう．(12)と(13)から，各$h$に関して$(1-\sigma_h)+(n_h-1)t_{hh}>0$が満たされることが確かめられる．各$h$に関して

$$(1-\sigma_h)+(n_h-1)t_{hh}\leqq 1/n_h \tag{15}$$

は(15)が成立するための必要条件である．左辺は公共財供給に関して，個人が負担する額にその国に居住するその他の個人による税負担の総額を加えた額に等しくなる．各国$h$の人口が増加するにつれて，$h$国における国民の1人当たりの負担額は小さくなる．

次に，補助金と課税の体系における予算の均衡条件を考察してみよう．まず，(14)式が

$$n_j\sigma_j-n_j(n_j-1)t_{jj}=n_j-1+n_i\{(1-\sigma_i)+(n_i-1)t_{ii}\} \tag{16}$$

と変形される．(16)を(9)に代入すれば，

$$\frac{g_i}{g_j}=-\frac{n_j-1+n_i\{(1-\sigma_i)+(n_i-1)t_{ii}\}-n_in_jt_{ij}}{n_i\{\sigma_i-(n_i-1)t_{ii}-n_jt_{ji}\}} \tag{17}$$

が導出される．$i$国が先進国で汚染物質削減のために積極的な役割を演じることが求められている．ここで想定されている補助金と課税の所得再分配機構においても，$i$国は，$j$国における汚染物質削減に対する支援の一環として，$j$国に所得移転をすべきであるといえる．$i$国の国内での補助金支出の総額は徴税額を下回り，(17)式の分母の値は負値となる．また，効率的な内点解においては，(18)の左辺が正値であることに注意すれば，(17)の分子の正値であることが確かめられる．不等式$(1-\sigma_h)+(n_h-1)t_{hh}>0$から，

$$n_j-1-n_in_jt_{ij}>0 \tag{18}$$

が満たされるならば，(17)の分子が正の値となる．(17)の分母が負値である条件は，

$$\frac{\sigma_i-(n_i-1)t_{ii}}{n_j}<t_{ji} \qquad (19)$$

と書き直される．また，(18)の不等式は

$$\frac{1}{n_i}>\frac{n_j-1}{n_in_j}>t_{ij} \qquad (20)$$

と変形される．(19)と(20)は次の関係を意味すると解釈される．人口が増えるにつれて他国の再分配に回される税率は低下するが，途上国は先進国での排出削減に対する純額での補助率が高められるほど，税率が高く設定される可能性が存在する．以上で得られた内容は命題1で要約される．

**命題1** 汚染物質の削減が最適な水準に保たれるように，再分配機構が機能するとき，次の2つの内容が確かめられる．1．各国 $h$ の人口が増加するにつれて，$h$ 国における国民の1人当たりの負担額は小さくなる．2．各国が人口が増えるにつれて他国の再分配に回される税率は低下するが，先進国での排出削減に関して純額での補助率が高められるほど，途上国に対する税率は高く設定される可能性が存在する．

## 5．非効率な削減水準

越境汚染において，技術水準や資金に乏しい諸国が汚染物質の発生主体を抱えてしまった場合に有効な対策がとれないことが考えられる．前節の説明に従えば，この非効率な削減が端点解 ($g_i>0, g_j=0$) に対応すると解釈することができる．この端点解において，(12)が $j$ に関して不等式で成立する．このとき，(14)の左の等式が不等式に置き換えられる．効率的な削減を前提とした再分配政策のもとでは，Samuelsonの条件が満たされないという矛盾した結論に至る．この端点の場合には，再分配機構の均衡条件式(9)から

$$\sigma_i-(n_i-1)t_{ii}-n_jt_{ji}=0 \qquad (21)$$

が導出される．ここで，途上国 $j$ に対する税率 ($t_{ji}$) がゼロでないとしよう．た

とえば，$i$ 国の $CO_2$ 排出に関連する製品に一律の課税が実施されたとしよう．実際に，$i$ 国で課税された財の一部が，$j$ 国にも輸出されて，輸出品にも課税されるとすれば，$j$ 国の国民もこの $i$ 国の環境税の税負担をする．簡単化のために，$i$ 国と $j$ 国における 1 人当たりの負担額が $t_{ii}$ と $t_{ji}$ で表示されるとしよう．あるいは，同一の所得と選好を持つ個人において，1 人当たりの課税の効果も同じであることから，各個人には，同額の税負担 $n_j t_{ji} g_i$ が課される．ところで，$g_j = 0$ が成立することから，$j$ の国民の所得制約式は

$$x_j + n_i t_{ji} g_i = m_j \tag{22}$$

と変形される．$j$ 国の国民にとって，汚染物質の削減量 $g_i$ が外生変数であるとしても，この端点解の場合は，公共財の正統的な理論で用いられる通常の枠組みとなっている．$j$ 国の国民も公共財 $g_i$ が供給されることを望んでいるし，$i$ 国における課税 $n_i t_{ji}$ は一種の価格効果を有していて，$j$ 国の国民の最適な消費行動に大きな影響を与える．このように，$i$ 国による廃棄物の削減するための再分配政策は $j$ 国の国民の消費に影響を与えることができたとしても，この端点で示される削減量においては，効率的な削減は実現されない．

(11)と(12)から得られる $1 - \sigma_j + (n_j - 1) t_{jj}$ の値が小さくなるとき，効率的な削減が達成される．$j$ 国が独自の判断で，自国での削減への補助率 $\sigma_j$ を引き上げるか，あるいは，税率 $t_{jj}$ を引き下げることによって，この効率性の条件は容易に実現される．$i$ 国は $j$ 国がこのような再分配政策をとることを期待したとしても，このような課税政策をとる権限は $j$ 国の固有の権利である．しかも，開発途上国においては，生活水準が十分に改善されていないで，$1 - \sigma_j + (n_j - 1) t_{jj}$ と等しくなることが期待される汚染物質削減の私的財に関する限界代替率まで低い水準に止まっている可能性がある．このような状況に置かれている $j$ 国が $i$ 国が期待する再分配政策を実行することは，あまり見込みがなく，この越境汚染の問題は端点解で示される非効率的な状態から抜け出すことは困難である．

## 6．交渉に基づく再分配機構

本章において，協調体制が十分に整っていない状況のもとでの国際的な汚染物質削減が論じられる．汚染物質の削減水準が前節で考察された端点の非効率な状況にあるとき，経済的に成功を遂げた国は，汚染物質の削減のためにより積極的な行動をとるべきであろう．まず，はじめに，先進国が率先して，汚染物質削減の国際的な削減案を締結して，その協定を着実に実施することが検討されるであろう．このような，国際的な合意を得るための労力と時間は，その対象となる諸国の規模と利害関係の複雑化とともに増大する．さらに，交渉の過程で求められる政治的な妥協は効率性の条件実現には障害となるであろう．このような国際的な話合いと合意の形成は長期的には，地球環境の改善に大きな効果をもたらすと期待される．このような協調的な解決方法の役割を否定しないとしても，より効果的な国際的な汚染物質削減策を検討することも必要である．先進国が再分配機構を用いて強力に汚染物質削減を進めることによって，効率的な汚染削減を実現する可能性があることを論証しよう．

以下では，国際的な汚染物質削減に寡占の経済理論で用いられるStackelbergモデルを適応する．先進国 $i$ は先導者，途上国 $j$ は追随者として役割を果たす．$i$ は自国の再分配機構の係数 $\sigma_i, t_{ii}, t_{ji}$ を自由に決定することができるが，$j$ 国の再分配機構に関する係数 $\sigma_j, t_{jj}, t_{ij}$ は $i$ にとって外生的である．$i$ と $j$ 国に関して，最適消費の関係を示す図2と図3を用いることによって，このモデルの概要をみてみよう．

はじめに，$i$ 国は効率的な削減を進めようとするが，$j$ 国は汚染削減に積極的に取組まないとしよう．この両国の削減計画は端点解 $(n_i g_i^*, 0)$ で示される．この解は図2と図3の最適点Aで描かれる．$i$ 国は $j$ 国への費用の負担率を $t_{ji}$ から $t_{ji}'$ に引き下げたとしよう．(21)式が

$$n_j t_{ji} = \sigma_i' - (n_i - 1) t_{ii}'$$

に変形されることに注意すれば，$i$ 国における個人の予算制約線の勾配は，一

第1章 越境汚染と環境技術促進課税　15

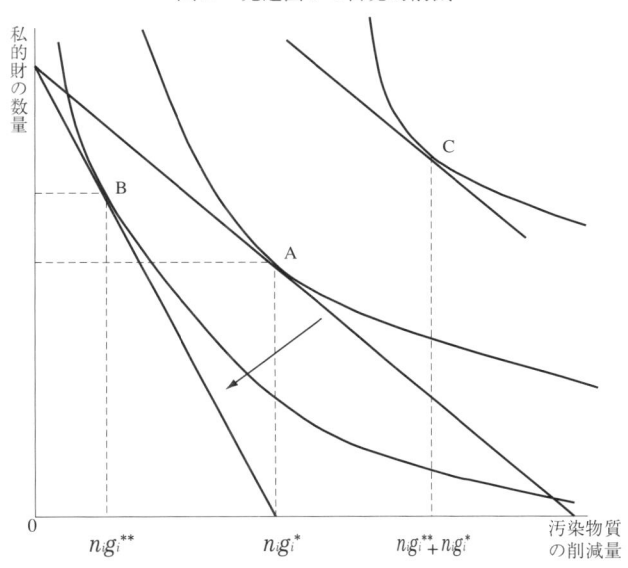

図2　先進国 $i$ の自発的削減

定の所得 $m_i$ の下で大きくなり，$i$ 国の予算制約線は時計回りに回転する．汚染物質の削減が正常財である仮定と所得効果から $i$ 国における個人の最適削減量は $n_i g_i^*$ から $n_i g_i^{**}$ へと減少する．図2において最適消費の水準は点Aから点Bへ移動する．

$i$ 国における税率と削減水準の変化から，$j$ 国の個人に関する課税後の所得は $m_j - n_i t_{ji} g_i^{**}$ に増加する．この低い削減水準 $n_i g_i^{**}$ において，$j$ に関しても限界代替率は増加する．この増加が続けば，(12)を等式で成立させる正の数量 $n_j g_j^{**}$ が存在する可能性がある．この内点解 $(n_i g_i^{**}, n_j g_j^{**})$ を明かにしよう．(9)において，$n_i g_i$ が正の係数を持つときには，$n_j g_j$ の係数は負となることに注意しよう．$n_j t_{ji}$ が低下して，ある範囲を超えると，$n_i g_i$ の係数が正となり，それとともに，$n_j g_j$ の係数は負となる．このとき，$n_j t_{ji} = \sigma_i' - (n_i - 1) t_{ii}'$ の減少，あるいは，$n_i t_{ij}$ の増加が生じる．このことは，$i$ 国における予算制約線の勾配が大きくなるか，または，$j$ 国で実施される削減費用のうち $i$ 国における負担額が増すことを意味する．後者の場合には，汚染物質の削減を促進する再分配機構

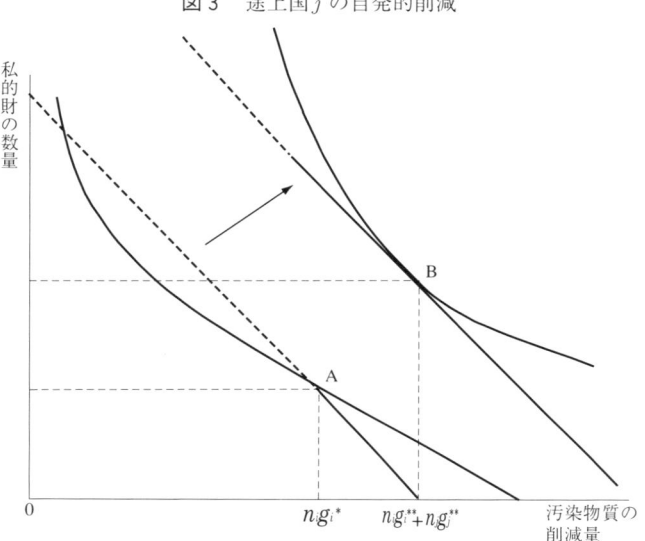

図3 途上国 $j$ の自発的削減

において，$i$ 国から $j$ 国への所得移転が進み，$j$ 国においても所得効果が発生すると考えられる．図3の端点 A で表示される最適解が内点 B の最適解へと上方へシフトする．また，$j$ 国が正の削減を開始することで，図2における $i$ 国の消費も点 B から点 C に移動する．

## 7．削減に関する効率的な解の存在

　図を用いた前節の説明は，非効率な端点解が効率的な内点解へ置き換えられる過程を概観したものであった．その推論は視覚的あるいは直感に頼るものであったので，ここでは，効率的な削減を実現する過程を論理的に厳密に検討しよう．初期の端点解 $(n_i g_i^*, 0)$ は $G = n_i g_i^*$ を成立させる．$x_i$ と $x_j$ は $t_{ij}$ と $t_{ji}$ の関数で表現される．予算制約条件式(6)と(7)を用いると，(11)と(12)の端点解は

$$MRS_i(n_i g_i^*, x_i^*; t_{ij}) = 1 - \sigma_i + (n_i - 1) t_{ii},$$

$$MRS_j(n_i g_i^*, x_j^*; t_{ii}) < 1 - \sigma_j + (n_j - 1) t_{jj}$$

と書き直される．ただし，定数のパラメーター $m_i, m_j, n_i, n_j$ は省略されていて，

$MRS_h (h=i,j)$ は $G$ と $x_h$ の限界代替率を表す．われわれは，非効率的な削減を効率的な削減に変えるための再分配政策を論じる．端点解が初期の非効率的な削減であるとして，その一方に効率的な解 $(n_i g_i^{**}, n_j g_j^{**})$ が存在すると想定する．このような解が存在するための条件として，

$$u_h(n_i g_i^{**}, n_j g_j^{**}, x_h^{**}) \geq u_h(n_i g_i^{*}, n_j g_j^{*}, x_h^{*}), \quad h=i,j \tag{23}$$

が満たされなければならない．

(21)と(6)から，$i$ に関する予算制約条件式は

$$x_i + (1-n_j t_{ji})g_i = m_i \tag{24}$$

に変形される．(22)と(24)を $t_{ji}$ に関して微分すれば，

$$\frac{dx_i}{dt_{ji}} = -(1-n_j t_{ji})\frac{dg_i}{dt_{ji}} + n_j g_i,$$

$$\frac{dx_j}{dt_{ji}} = -(n_j t_{ji}\frac{dg_i}{dt_{ji}} + n_j g_i)$$

が得られる．$t_{ji}$ が減少するとき，$(1-n_j t_{ji})$ が増加する．このことから，汚染物質の削減が正常財であるときには，所得制約条件(24)から，$t_{ji}$ の削減は汚染物質削減の減少を意味する．不等式 $dg_i/dt_{ji} > 0$ が満たされることに注意すれば，$dx_j/dt_{ji} < 0$ の成立が容易に確かめられる．$MRS_j$ を $t_{ji}$ に関して微分すると

$$\frac{d\,MRS_j}{dt_{ji}} = n_i \frac{\partial MRS_j}{\partial G}\frac{dg_i}{dt_{ji}} + \frac{\partial MRS_j}{\partial x_j}\frac{dx_j}{dt_{ji}} \tag{25}$$

が導出される．$MRS_j$ が $G$ に関して減少関数，$x_j$ に関して増加関数であることから，(26)は負の値をとる．$t_{ji}$ が減少するにつれて，$MRS_j$ は増加する．$g_j$ をゼロに固定したまま，$t_{ji}$ がゼロに近づくとき，(24)の予算制約式の絶対値の勾配は1に接近する．$MRS_j$ が $G$ に関して連続で，かつ，十分小さな $G$ に関して1より大きいと想定されていたことに注意しよう．十分大きな補助金と十分小さな税率に関して，不等式 $1-\sigma_j+(n_j-1)t_{jj} < 1$ の成立が確かめられる．連続関数に関する中間値の定理から $j$ に関して

$$MRS_j = 1 - \sigma_j + (n_j-1)t_{jj}$$

を満たす $G^{**}$ が存在する．しかしながら，実際には次のような理由で，$i$ 国は $t_{ji}$ をこの条件を満足する水準まで下げることをしようとしない．$t_{ji}$ をそのよう

に下げようとすることは，$g_j=0$ と $g_i>0$ のもとで，$G$ と $x_i$ の消費量を低下させることを意味しており，(23)の参加条件に矛盾する．この条件を満たすように，$i$ が $t_{ji}$ の引き上げを $j$ に提案するときには，$j$ は所得効果からその効用が低下する．そのような $i$ の提案を避けるために，$j$ はその提案の前に自国の削減を進めるべきであると判断するであろう．このようにして，われわれが本章で提案する再分配機構において内点の効率的な解が実現されるであろう．以上が，前節で説明された内容に関する論証である．その内容の要約を命題2で述べておこう．

**命題2** 汚染物質の越境汚染問題の解決において，より経済的な発展を遂げた国が，寡占のStackelberg理論における先導者の役割を果たすとき，Samuelson条件を満足する所得の再分配機構が存在する．

## 8．おわりに

越境汚染の問題に関しては多数の研究成果が存在するが，Hoel (1997) は環境政策における国際的な協調がなされる場合となされない場合を比較して次のように論じる．一般的に，国際的な協調のもとで実現される環境政策は越境汚染問題にも有益な帰結をもたらす．異なったタイプの諸国の間では，協調的な環境政策は容易に達成されない．時として，協調的な政策を実施するためには，利害の対立する諸国の間で骨の折れる交渉や調整が展開されることになる．その一方で，越境汚染は近隣諸国の経済活動によってもたらされているという事実にも注意すべきである．自由貿易体制の下での経済活動は，国際的な市場機構のルールのもとに営まれている．このことから，市場における活動を制御するのに有効な政策は，越境汚染に係わる物質を削減するのに直接および間接に役立つといえる．特に，直接規制によらずに，市場機構を用いた政策は越境汚染の問題解決にも有効であるで考えられる．Silva (1997) は人口の移動を考慮に入れた最適な環境政策を論じる．ところで，国際経済においては，人口の

移動はかなりの制約を受けるであろう．人口の要因よりは，本章で提案される再分配機構は国際的な市場の経済活動を通じて越境汚染の問題の解決に有効であるといえるであろう．

　経済援助などの活動による所得の再分配は多くの開発途上国の経済発展に役に立つといえる．この経済援助は地球規模で発生する環境汚染の削減にも有効であるということができる．経済的に発展を遂げた国は，国際的な所得再分配をもたらす課税と補助金からなる再分配機構を構築することによって，経済的な発展が十分でない諸国にも協調的な環境政策をとるように誘導することができる．ところで，環境保全に役立つ技術開発を促進することを主たる目的とする環境政策が展開されるが，そのような産業政策も所得再分配の機能を有している．このような環境に関連する産業政策に関しても，Spencer が Brander（1982）が指摘するように，国際的な厚生分析が慎重になされなければならない．ここでは，民間の経済活動を通じて汚染物質の削減が促進されるための方策が論じられた．政府と民間の役割が明確になされることが必要となろう．Epple と Romer（1996）が論じるように，効率的な削減の機構と矛盾しないような政治的な決定方法に関する議論もまた残された問題の中に入れられるべきであろう．

　最後に，本章が校正の段階にあった1999年12月3日に，政府・自由民主党の税制調査会は，「グリーン税制」の2000年度導入を見送る方針を固めた．[5] その背景には，世論調査で，グリーン税制賛成が国民の54.4％あったものの，自動車重量税を管轄する建設省，自動車税と軽自動車税を管轄する自治省による税収が，道路整備などの本来の目的にしか利用できないという主張や大蔵省による税収の減少に対する心配などがあった．海外でも燃費の面で劣る米国の自動車業界の反対もあった．このようなグリーン税制への関係機関や団体の反応は，今後の環境の税改革が，国際的な所得再分配と産業政策の両方の性質を有していることを物語っている．

注

1) 「日本経済新聞」1999年9月17日.
2) 日本自動車工業会と欧州委員会との排ガス規制合意は,欧州連合の環境相理事会によって99年10月13日に承認された.「朝日新聞」1999年10月13日.
3) 「日本経済新聞」1999年9月9日.
4) 国際的な排出削減に果たす排出権の役割は,田中廣滋(1998a)と(1998b)においても論じられている.
5) 「日本経済新聞」1999年12月4日.

## 参考文献

Andreoni, J., and T. Bergstrom, (1996), "Do Government Subsidies Increase the Private Supply of Public Goods." *Public Choice* 88, pp.295-338.

Bergstrom, T., L. Blume, and H. Varian, (1986), "On the Private Provision of Public Goods," *Journal of Political Economy* 29, pp.25-49.

Epple, D.and R.E. Romano, (1996), "Public Provision of Private Goods." *Journal of Political Economy* 104, pp.57-84.

Kirchsteiger, G. and C. Puppe, (1994), "On the Possibility of Efficient Private Provision of Public Goods Though Government Subsidies," *Journal of Public Economics* 66, pp.489-504.

Heol, M., (1990), "Global Environmental Problems : The Effects of Unilateral Action Taken by One Country." *Journal of Environmental Economics and Management* 20, pp.55-70.

Hoel, M.(1997), "Coordination of Environmental Policy for Transboundary Environmental Problem?" *Journal of Public Economics* 66, pp.199-224.

Silva, E.C.D., (1997), "Decentralized and Efficient Control of Transboundary Pollution in Federal System." *Journal of Environmental Economics and Management* 32, pp.95-224.

Spencer, B.J. and J.A.Brander, (1982), "International R & D Rivalry and Industrial Strategy." *Review of Economic Studies* 50, pp.707-722.

田中廣滋(1998a)「地球温暖化防止対策における共同実施活動と排出権市場」『経済学論纂(中央大学)』38巻5・6号,167-180頁.

田中廣滋(1998b)「温室効果ガスの排出権に関する国際的な取引としてのクリーン開発メカニズムと排出権市場」『国際公共経済研究』8号,14-22頁.

Tanaka, H. (1999), "Voluntary Abatement for Trasnboundary Pollution and International Redistribution Scheme" *CRUGE Discussion Paper* No.4.

# 第 2 章

# 持続可能な開発のための国際協力
―― 南北関係の視点から ――

## 1. はじめに

　1972年の国連人間環境会議では，環境問題は先進工業国のもので，貧困が蔓延している開発途上国は開発の権利を強調した．そのため，人間環境の保全・改善が厚生水準向上と開発に大きな影響を与えるとの宣言(ストックホルム宣言)，UNEP(国連環境計画)の設立決定以外，目立った成果は得られなかった．その後，1982年に国連環境開発世界委員会が設置され，1987年にブルントラント報告書を公表した．ここでは，持続可能な開発を「将来世代のニーズを満たす能力を損なうことなく，現在世代のニーズを満たす開発」と定義し，開発と環境保全の両立を目指して，国連機関の協調，政府やNGOの金融支援，UNEPによる環境監視と技術支援の継承，環境保全基金の創設などを提案した．1992年の地球サミット(国連環境開発会議)には元首108人，2400のNGOが参加し，深刻化する環境問題に対して早急に対策をとる必要性が広く認識された．例えば，地球温暖化が進むと水位上昇により低地が水没，降水パターン変化により農業生産の減少，交通網の破壊が生じるほか，水へのアクセスが困難になった環境難民が大量に発生する．酸性雨は森林の立ち枯れ，湖沼の強酸性化，建造物劣化を引き起こす．また，熱帯林を伐採されて樹冠を失った土地では，激

しい降水によって表土流失，土壌侵食が起こり，生物種・生態系・遺伝子といった生物多様性も減少する．そこで，アジェンダ21によって持続可能な開発のための行動計画を定め，「環境と開発に関するリオ宣言」では，国家の権利と責任を規定する原則を明らかにした．しかし，経済・厚生水準には南北格差が大きく，持続可能な開発の手段・負担については，依然として国際的な対立が残っている．そこで，本章では，南北関係の視点から，環境問題の要因を整理し，持続可能な開発のための国際協力がどうあるべきかを検討してみよう．

## 2. 経済発展・貧困と環境問題

### 2.1 経済発展に伴う環境悪化

地球サミットでは，持続可能な開発のためのグローバル・パートナーシップ（国際協力）が合意されたが，開発途上国は環境対策よりも経済発展を重視した．これは所得，平均寿命など経済・厚生水準が低いためで，このような開発途上国の人口は世界の78％を占めている（表1参照）．そこで，アジェンダ21では，貧困解消，生産・消費パターンの変化，人口増加などの社会経済分野と，大気，生物多様性，熱帯林など天然資源保全・管理の分野との両面に対して，持続可能な開発のための行動計画を提案した．つまり，持続可能な開発にも南北格差を是正する経済発展が含まれている．

表1　経済・厚生水準の南北格差（1993年）

| 地域 | GDP構成比(%) | 所得(US$) | 所得増加率(%) | 平均寿命(歳) | 乳幼児死亡率(‰) | 成人識字率(%) | 人口構成比(%) | 人口増加率(%) | 農業雇用率(%) | 都市化率(%) |
|---|---|---|---|---|---|---|---|---|---|---|
| 先進工業国 | 83.5 | 16394 | 1.2 | 74.3 | 18 | 98.3 | 22.0 | 0.8 | 10 | 73 |
| 開発途上国 | 16.5 | 970 | 3.9 | 61.5 | 97 | 68.8 | 78.0 | 2.2 | 61 | 36 |
| 世界平均 | 100.0 | 4570 | 1.3 | 63.0 | 86 | 76.3 | 100.0 | 1.9 | 49 | 44 |

注：所得は1人当たりGNPで，増加率は1980-93年の年平均実質成長率．乳幼児（5歳未満）死亡率は1000人当たり．人口増加率は1960-93年の年平均増加率．農業雇用率（全産業に対する農業雇用者の比率）は1990年．
(出所) UNDP (1996) tables 1, 4, 14, 21, World Bank (1995) table 32より作成．

表2　地球温暖化への温室効果ガスの寄与度（1980-90年）

(単位：％)

| 気体別寄与度 | | 要因別寄与度 | | 南北別寄与度 | |
|---|---|---|---|---|---|
| $CO_2$ | 55 | エネルギー部門 | 46 | 先進工業国 | 74 |
| フロン | 24 | フロン | 24 | 北米 | (26) |
| メタン | 15 | 森林部門 | 11 | 西欧 | (16) |
| $N_2O$ | 6 | 農業部門 | 9 | 開発途上国 | 26 |
| | | その他 | 9 | アジア | (15) |

注：南北別寄与度は1985年のエネルギー部門からの$CO_2$排出構成比．
（出所）IPCC (1992) pp.71, 120より作成．

表3　エネルギー部門からの1人当たり$CO_2$排出量

| 地　　域 | 1985年 | 2000年 | | 2025年 | |
|---|---|---|---|---|---|
| | 排出量(t) | 排出量(t) | 指数 | 排出量(t) | 指数 |
| 先進工業国 | 3.12 | 3.65 | 117 | 4.65 | 149 |
| 開発途上国 | 0.36 | 0.51 | 142 | 0.84 | 233 |
| 世　界 | 1.06 | 1.22 | 115 | 1.56 | 147 |

注：$CO_2$排出量は炭素換算．指数は1985年＝100．
（出所）IPCC（1992）p. 124より作成．

　しかし，経済発展は環境問題を深刻化させる．例えば，IPCC（気候変動に関する政府間パネル）によると，人為的要因による地球温暖化に対する気体別寄与度（1980-90年）は，$CO_2$ 55％，フロン（CFCs）24％，メタン15％，$N_2O$（二酸化窒素）6％である（表2参照）．温暖化を要因別にみると，化石燃料燃焼による$CO_2$排出，石炭・天然ガス採掘に伴うメタン湧出などエネルギー部門が46％で大きい．ここで，1996年のエネルギー原単位（GDP 1000ドル当たりの石油換算一次エネルギー消費量）は米国0.34トン，日本0.15トンに対して，中国1.57トン，インド1.10トン，タイ0.58トンと開発途上国では高い．つまり，1985年から2025年までに，先進工業国では1人当たり$CO_2$排出量は1.5倍になるが，開発途上国では2.3倍になり，これに人口増加が加わって，開発途上国全体の$CO_2$総排出量は4倍に急増すると予測される（表3，図1参照）．他方，森林部門（森

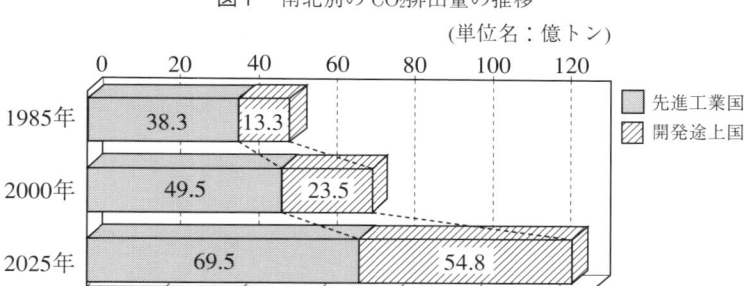

図1 南北別の $CO_2$ 排出量の推移

林減少,薪炭燃焼に伴う $CO_2$ 排出など)の温暖化への寄与度は11%,農業部門(水田や家畜からのメタン排出,窒素肥料の使用に伴う $N_2O$ 排出など)は9%,その他(セメント製造に伴う $CO_2$ 排出など)は9%である.[1] この他,石炭火力発電所を $SO_x$(硫黄酸化物), $NO_x$(窒素酸化物)を除去しないままに増設し,大都市では触媒方式コンバーターを装着しない自動車が急増したため,大気汚染も深刻になっている.[2]

他方,先進工業国は,素材産業(化学,金属)より加工組立産業(機械,輸送機器)が盛んなためエネルギー原単位が低いが,商業エネルギー消費(1990年)は,先進工業国が世界の82%(人口は22%)を占め, $CO_2$ 排出量も世界の74%に相当する38.3億トンに達する(表2,図1参照).農業就業者1人当たりの商業エネルギー消費(農業機械や温室栽培の燃料)も,アフリカに比して北米693倍,西欧102倍である.そこで,先進工業国の1人当たり $CO_2$ 排出量は3.12トンと開発途上国(0.36トン)の8.6倍で,2025年には4.65トンまで上昇し,総排出量も増加すると予測される(表3参照).また,特定フロン5種は1987年モントリオール議定書の1992年改正以降,1995年末までに米国,日本など先進工業国では消費・生産を中止したが,フロンは大気中に長期間留まり,温暖化への寄与度は24%と大きい.そして,世界の $SO_x$ と $NO_x$ 排出(1990年)に対して,OECD加盟国は各々40%,52%を占めている.[3] つまり,先進工業国は膨大なエネルギーの消費,化学物質を多用する生産プロセス,大量消費のために,有

害物質や廃棄物も含め環境負荷を高めてきた．換言すれば，先進工業国は，過去から経済発展を続けて環境債務を累積させたのであって，環境問題への責任は開発途上国よりも重い．

## 2.2 貧困と環境

　開発途上国の農業雇用比率は61％と高く，都市化率(全国人口に対する都市人口の比率)は36％と低い．これは地方に多数の貧しい零細農家が存在していることを反映しているが，貧困が環境問題を引き起こす側面もある．焼畑，薪炭生産は熱帯林を減少させ，対外債務返済のため熱帯材を輸出せざるをえない場合もあろう．[4] また，公害防止装置を設置するだけの資金や技術がなく，下水道や廃棄物処理のインフラも未整備なため，大気，水，土壌の汚染が進む．開発途上国の人口増加を支える高出生率も，ジェンダーによる早婚，児童労働，子供に依存した老後の保障など，いずれも貧困に起因するが，人口圧力によって森林，土地，水の利用密度が高まり，収奪的利用が起こりやすくなる．そこで，貧困による環境問題を解決するために，経済発展が求められることになる．焼畑農家が製造業に雇用され，ガス供給によって薪炭が不要になれば，熱帯林の減少に歯止めがかかる．また，所得向上に伴い歳入が充実し，環境規制，インフラの整備も容易になり，エコビジネスも興隆する．加工組立，情報など付加価値の高い産業の発展は，エネルギー原単位を低下させる．換言すれば，産業構造高度化が進展すれば，生産額が増加するほどには$CO_2$など環境負荷物質の排出は増えない．そして，女子の職場進出による晩婚化，教育費増加，社会保障充実によって出生率が低下すれば，環境への人口圧力は低下する．

　他方，開発途上国の農業には大型農業機械や温室栽培は普及せず，都市でも露天商などインフォーマル部門は労働集約的で，1人当たりエネルギー消費は少ない．都市の1日1人当たり家庭ゴミ排出量も，西欧の1700㌘に比してインドは600㌘と少なく，焼却容易な生ゴミの比率が高い(図2参照)．しかも，生ゴミは地方では豚など家畜の餌として活用され，金属・ガラスも回収・再利用される．[5] バナナの葉や竹筒などの包装容器は，廃棄に際しても有害物質の排

図2 都市家庭のゴミの排出量

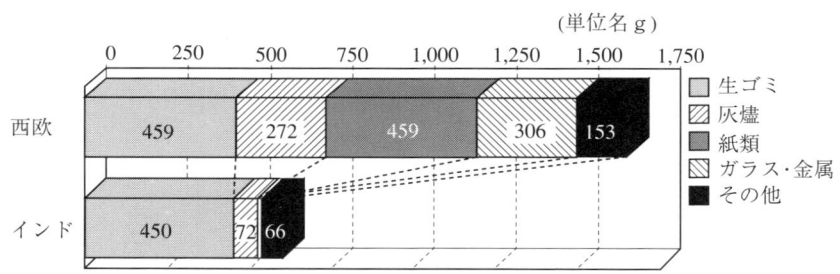

注：ゴミ排出量は西欧0.8~2.6kg，インド0.1~1.0kgを平均して推計．その他は石，陶器，プラスチックなど．
(出所) Cairncross and Feachem (1993) p.191より作成．

出を伴わない．つまり，身近で安価な資源・労働力を活用し，意図したわけではなくとも，エネルギー消費，廃棄物による環境への負荷を少なくしている．

## 3．持続可能な開発の原則

持続可能な開発のためには，南北格差を是正する貧困解消を進めつつ，経済発展に伴う環境悪化を抑制する環境対策が求められる．しかし，環境は外部経済，公共財であり，環境保全の利益は，環境対策の費用を負担しなくとも享受できるから，フリーライダーを排除することは困難である．そこで，リオ宣言は，次のような持続可能な開発の原則を定めて，環境対策の有効性，採用可能性を高めようとしている．[6]

〈汚染者負担の原則(PPP：Polluter Pays Principal)〉 環境の汚染者は，環境許容水準まで汚染を減少させ，その費用も負担しなければならない．つまり，南北がともに汚染者であれば，ともに汚染防止費用あるいは汚染回復費用を負担しなければならない．

〈予防原則〉 地球的規模で悪化した環境を再び回復することは困難で，環境悪化防止費用よりも環境悪化回復費用は遥かに大きい．したがって，この不可逆性のために，科学的には不確実でも環境問題には事前の予防が求められる．

〈世代間の公平の原則〉　将来世代には環境悪化の責任はないから，環境悪化に伴う損失を被り，環境悪化回復費用を負担することになれば不公正である．そこで，現在世代が将来世代の利益を損なわないように配慮すべきである．

〈共通だが差異のある責任の原則〉　開発途上国も環境負荷を高めているが，過去の高水準の経済活動による環境負荷の累積，すなわち環境債務に配慮すれば，先進工業国に環境問題の主な要因がある．したがって，南北は共通ではあるが，先進工業国がいっそう強力な環境対策をとる責任がある．

この他，財政，貿易・投資，国際政治に関わる次のような原則も，持続可能な開発のための費用負担，オーナーシップに適用されるべきであろう．

〈応能原則〉　資本，資金，技術，ノウハウなど能力に応じた負担をすべきであるという原則．南北は各々の能力に応じて，開発途上国は緩やかな，先進工業国は厳しい環境対策を実施することが妥当である．

〈応益原則〉　利益に応じた負担をすべきであるという原則．環境保全の便益は南北の全ての世代が享受するから，開発途上国も環境対策の費用を負担すべきである．そして，先進工業国は環境悪化防止費用を負担しないという過去の利益によって発展したことを考慮すれば，今後の環境対策には先進工業国の負担も求められる．例えば，熱帯林の野生生物種の遺伝子を先進工業国が医薬品などに活用し，バイオテクノロジーの利益を得ているとすれば，先進工業国は熱帯林の保全を支援すべきである．

〈無差別の原則〉　各国の機会均等を確保するために，内外を無差別に扱うという原則．廃棄物や公害に対する環境規制も内外無差別にしないと，環境悪化防止の費用負担を軽減するために規制が厳しい国から緩やかな国へゴミ輸出，公害ヘイブンが生じてしまう．

〈主権尊重の原則〉　各国は自国の主権の及ぶ範囲に管轄権をもち，グローバル化する国際関係にあっても，内政干渉は許されない．主権を尊重することで，各国に環境対策のオーナーシップを認め，環境保全の自助努力が促されることになる．

以上のように持続可能な開発の原則が合意され，明らかになっているもの

の，各論では南北対立が残っている．例えば，地球サミットでは，気候変動枠組み条約によって，2000年までに温室効果ガス排出を1990年水準に抑制することを決めたが，この時は開発途上国への環境支援を明示できなかった．生物多様性条約も，締約国に生物多様性の保全と持続可能な利用のための国家戦略を策定する義務を課したが，先進工業国が野生生物種への自由なアクセスを主張したのに対して，開発途上国は種の管轄権を強調した．つまり，新薬や新品種の開発に有用な野生種は熱帯林に豊富で，バイオテクノロジーに先んじる先進工業国はその遺伝子を利用する一方で，熱帯林保全や持続可能な林業への関心は薄い．他方，開発途上国は領内の熱帯林が保存している遺伝子の管轄権を主張した．そこで，森林原則声明では，森林の管理・保全に最善を尽くすと表明したものの，保全・管理の方法および費用分担については具体性を欠くものとなった．[7]つまり，持続可能な開発について，南北では関心，責任が異なり，国際協力の役割も異なってくるといえる．

## 4. 環境対策

共通だが差異のある責任を果たすには，南北が資金，資本，技術など能力に応じた環境対策を実施することが必要で，これが持続可能な開発のための国際協力の第一歩となる．そこで，環境対策として，規制や税制などの環境政策，環境保全のための投資に二分して，有効性と採用可能性を検討してみよう．

### 4.1 環境政策
#### ① 規制型環境政策（環境規制）

法律，条例，規則，行政指導によって環境を悪化する活動を制限するのが規制型環境政策である．規制は，環境目標明示，基準設定，基準の遵守義務，環境行動計画の策定義務などである．例えば，日本の初の環境法は1962年煤煙規制法で，$SO_x$と煤塵の排出濃度基準を定め，タイの1975年環境増進保全法も環境基準を定め，同法に基づき国家環境庁を設立した．しかし，これら初期の環

境法は，汚染物質の範囲が狭く，指定地区の濃度基準を定めるだけで，罰則，法的拘束力が弱かった．他方，日本の1968年大気汚染防止法(1970年改正)は汚染物質の範囲を広げて全国を規制の対象とし，違反者には刑事罰で臨み，1978年には指定地区で総量規制も導入した．しかし，一般的な環境規制は，廃棄物処理清掃法のように違反者に対する勧告，改善命令，軽度の罰金にとどまり，厳重な処罰を欠く場合が多い．[8)]

　環境規制の第一の問題は，基準，罰則，法的拘束力が緩やかな規制は採用が容易でも，有効性が低いことである．1989年バーゼル条約(有害廃棄物の越境移動及びその処分管理に関する条約，1992年発効)も，有害廃棄物の輸入国へ事前通告と承認を必要としただけであったから，1990-93年にリサイクルや無料サンプルの名目で欧米などからアジアに有害廃棄物が540万トン以上もゴミ輸出された．他方，規制強化には，環境悪化防止費用の負担を回避しようとする産業界を中心に反発が起こる．

　第二の問題は，規制強化によって，廃棄物処理のエコビジネスが興隆する一方で，摘発・監視体制が整わないと，闇のエコビジネスも頻発することである．[9)]バーゼル条約の1995年改正ではOECD加盟国から非加盟国への有害廃棄物の輸出は最終処分目的のものは即時禁止，リサイクル目的でも1997年末までに禁止したが，国際的な監視は困難で，有害の定義が曖昧なこともあり，不法投棄，ゴミ輸出が続く懸念がある．

　第三に，環境規制を強化すると，環境悪化防止費用の増加が当該国企業の競争力を低下させ，公害ヘイブンが起こったり，規制の緩い国がフリーライダーとなる．そこで，気候変動枠組み条約でも1997年末の京都議定書以降，東欧・旧ソ連も含め先進工業国は，温室効果ガスの排出削減目標を明示し，開発途上国への環境支援を約束した．また，モントリオール議定書(1995年改定)も開発途上国でのフロンの消費・生産中止は，先進工業国より15年遅い2010年に延期し，その間にフロン廃止基金を設けるとした．代替フロンについても，オゾン層の破壊効果が指摘されるHCFCを，先進工業国は2030年，開発途上国は2040年に全廃するとしている．つまり，環境条約に対しては，開発途上国の義務緩

表4 エネルギー別の環境負荷と価格

| 環境負荷物質または価格 | | 石炭 | 石油 | 天然ガス | 原子力 | 太陽熱 |
|---|---|---|---|---|---|---|
| $CO_2$排出 | 燃焼（kg/GJ） | 89.7 | 69.7 | 50.6 | — | 0 |
| | 発電 日（g/kWh） | 275 | 204 | 181 | 8 | 62 |
| | 発電 米（指数） | 100 | 86 | 58 | 17 | — |
| $SO_2$含有量（％） | | 0.2～7.0 | 0.5～4.0 | 0.0 | 0 | 0 |
| $N_2$含有量（％） | | 0.5～2.5 | 0.25 | 5 | 0 | 0 |
| 1トン当たり価格（ドル） | | 51.3 | 117.4 | 167.6 | — | 0 |
| 発電費用 | 日（円/kWh） | 10 | 10 | 9 | 9 | — |
| | 米（セント/kWh） | 5～6 | — | 4～5 | 10～21 | 162 |

注：$CO_2$排出量（炭素換算）は燃焼はギガジュール当たりkg, 発電は1992年で日本はkWh当たりg, 米国は石炭を100とした指数で，原料採掘，輸送，精製，発電，保守に必要なエネルギーを含む（為替レート124.8円／＄）．ただし，発電費用は設備規模，稼働率，耐用年数に加え，廃棄物処理，設備解体の費用にも依存するので，確定的ではない．$SO_2$と$N_2$（燃焼に伴い$NO_x$に変化）の含有量は重量当たり．価格は1994年の国際価格．
（出所）Miller (1996) pp.345, 380, O'Riordan (1995) pp.285, 322, Liu (1993) p.26, 資源エネルギー庁公益事業部編（1995）pp.9-10より作成．

和や批准猶予はやむをえないが，先進工業国が揃って批准し，開発途上国への環境支援を明記することが望まれる．

② インセンティブ型環境政策

経済合理的行動を環境保全的な方向に誘因づけるのがインセンティブ型環境政策である．内容は，第一に，エネルギー税（炭素税），バージン資源税，ゴミ処理有料化（ゴミ排出税）などの環境税，1人当たりエネルギー消費が多い乗用車利用を抑制するための自動車保有税（グリーン税制），容器デポジット（預託金）制などのディス・インセンティブである．[10]第二に，環境保全計画に対する税制優遇，補助金，貸出優遇などのインセンティブがある．しかし，農薬や化学肥料の過剰投入を促すような農業投入財への補助金や価格補填は，化学肥料や農薬による環境悪化を誘発するので見直すべきであろう．[11]

ここで，エネルギー税と環境補助金を組み合わせた環境政策の有効性を検討しておこう．燃焼，発電に伴う$CO_2$と$SO_2$排出は，石炭，石油，天然ガスの順

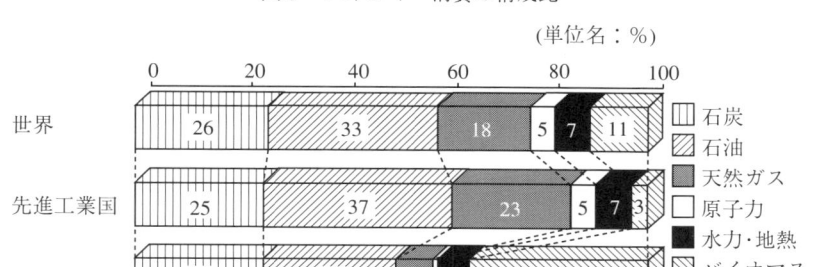

図3 エネルギー消費の構成比

(単位名：%)

| | 石炭 | 石油 | 天然ガス | 原子力 | 水力・地熱 | バイオマス |
|---|---|---|---|---|---|---|
| 世界 | 26 | 33 | 18 | 5 | 7 | 11 |
| 先進工業国 | 25 | 37 | 23 | 5 | 7 | 3 |
| 開発途上国 | 25 | 26 | 7 | | 6 | 35 |

注：1991年の商業エネルギー消費とバイオマスエネルギー(薪炭・糞など)との合計.
(出所) Miller(1996)p.78, Tolba(1992)pp.150-153より作成.

に小さいが，重量価格はこの順で高くなり，発電費用には大差がない(表4参照)．そこで，天然ガスが環境調和的ではあっても，安価な石炭の消費が続く．エネルギー消費の構成比は，石炭が南北とも25％で，天然ガスは先進工業国23％，開発途上国7％と開発途上国は天然ガスを液化して輸出に回す傾向が強い(図3参照)．つまり，開発途上国では，環境負荷の低い天然ガスの利用は少ない．そこで，石炭に環境税を賦課し，天然ガスに環境補助金を支給すれば，天然ガスより石炭の相対価格が上回り，後者から前者へのエネルギー代替によって $CO_2$ と $SO_2$ の排出量は減少する．つまり，課税と補助金とを組み合せることによって，環境調和型エネルギーの価格が環境負荷型のものよりも下回るように環境調和型の価格体系を形成するのである．

しかし，環境税は価格上昇をもたらし，補助金だけを導入するのにも財源として増税が必要となるから，消費者や企業の負担が増える．実際，$CO_2$ 排出に応じてガソリンなどに課税する炭素税は，北欧四国とオランダが1990-92年に，ドイツが1999年に採用しただけで，日本の環境基本法も環境税を検討していない．つまり，開発途上国では負担が軽いインセンティブ型政策しか採用できないであろう．また，太陽熱発電の費用は火力発電の30倍以上と高く，電力供給能力にも限度がある(表4参照)．また，保守も考慮すれば，原子力発電よりも $CO_2$ 排出量が多いとの日本政府の推計もある．[12] ディーゼル車も排気ガスに酸

素が多く，触媒方式のSO$_2$除去が技術的に困難である．つまり，技術や資源の制約のために，環境調和型の価格体系を形成したり，需要を全て環境調和型エネルギーで満たすことができるとは限らない．他方，薪炭，糞などバイオマスは再生可能で，SO$_x$排出もないから，持続可能に利用できれば環境調和型エネルギーとなる．そこで，芝刈り，枝うちなどによって調達されたバイオマスのエネルギー消費構成比が35％と高い開発途上国は，環境負荷が小さいともいえる(図3参照)．

### ③ 情報型環境政策

情報型環境政策は環境情報の分析・提供，環境教育によって環境調和型の行動への指針を与えるものである．例えば，UNEPのGEMS(Global Environment Monitoring System)は世界各地に観測所を設け，環境情報を収集し，インターネットを通じて無料で提供している．また，ドイツの技術協力庁はバンコク，北京，ジャカルタ，デリーで持続可能な輸送のための政策研究，タイの稲作研究所は，不確定部分の多い水田からのメタン排出研究．UNDP(国連開発計画)はインドネシア，タイ，ブラジルなどの焼畑農家向けの持続可能な農法を研究,指導している．[13]ここで，情報の分析手段としては，環境家計簿(光熱費，交通費など支出項目別のCO$_2$排出点数表)，環境会計(環境保全費用とその利益を含む企業会計)，環境勘定(環境調整済み国民所得の推計)，環境影響評価があり，ISO(国際標準化機構)の国際環境規格 ISO 14000シリーズも，企業に環境保全の規格を示す．この規格は，環境管理システム(環境保全の指針・計画の策定)，環境監査(監査手順，監査人資格，監査報告書)，環境ラベル(環境調和型製品の認証)，環境パフォーマンス(環境保全実績の尺度)，ライフサイクル・アセスメント(環境負荷を原料調達から製品廃棄まで分析)から構成される．そして，第三者の認証を得て環境規格を取得した企業は，環境調和型の企業として認められる．[14]

しかし，環境情報が提供，分析され，環境対策の手段が判明したとしても，それが，利用される保証はない．つまり，環境調和的な自発的行動には限度があり，規制やインセンティブと併用することが必要である．例えば，環境規格

取得企業を増やすために，公開入札への参加資格，商品受注資格，貿易・投資の条件として政府や自治体が環境規格取得を義務づけたり，取得企業を税制上優遇することである．もちろん，これは，自由貿易，投資自由化に制限を加えることにもなり，無差別の原則に抵触するから，WTO，二国間条約によって調整する必要があろう．

### 4.2 環境保全のための投資

火力発電所の石炭，煤煙からの$SO_2$は，脱硫装置によって90%以上を除去でき，空気と燃料の混合を調整する低$NO_x$バーナーを導入すると，$NO_x$は石油で20〜50%，石炭で45〜60%削減され，$NO_x$濃度は90 ppmに低下する．そして，$N_2$含有量の多い天然ガスでも低$NO_x$バーナーによってほとんど$NO_x$が除去され，濃度は30 ppmになる．[15]つまり，燃焼時の$NO_x$が多い天然ガスも，技術次第で容易に環境調和型エネルギーとなる．また，公害防止装置に加え，下水道，廃棄物処理場などへの公共投資も，環境負荷を引き下げる．しかし，これらの投資が回収可能な経済的利益をもたらすとはいえず，環境規制や税制優遇によって，投資を促進することが考えられる．例えば，火力発電所へ$SO_2$規制をする一方で，脱硫装置の設置には低利資金を供与するのである．しかし，開発途上国では財政と経常収支の赤字が一般的で，貯蓄不足もあって，自らの財政上の措置や投資には限界があり，先進工業国による金融支援が必要であろう．ただし，同額の資金であれば，環境配慮の足りない地域で資金を使用するほうが効率的である．これは，汚染防止の限界費用が逓増するからで，米国の石油精製工場の事例では，排水中のBOD(生物化学的酸素要求量)を20%引き下げるには排水1㎘当たり5セントで済むが，80%引き下げるには49セントかかる．[16]つまり，先進工業国よりも，環境配慮の不足している開発途上国で投資をする方が，同じ金額でも多くの環境負荷物質を除去できる．

他方，産業構造高度化が進めばエネルギー原単位は低下する．例えば，自国の人工衛星を使った電話，テレビ放送が，1980年代初めからインド，インドネシア，中国，ブラジル，メキシコで実用化され，広大な国土とあいまって情報

産業が発展している．税制や輸出に優遇措置を取るハイテク団地を建設することも，産業構造を高度化するが，その場合，外国投資法によって進出企業に環境影響評価や廃棄物適正処理を義務づける開発途上国が増えている．[17]また，道路に代えて大量輸送システムを整備することも，1人当たりエネルギー消費を引き下げ，エネルギー効率改善につながる．発電所へコンバインドサイクルを導入すれば，ガスタービンで発電した余熱を蒸気タービンに回し，さらに発電でき，石炭や石油を天然ガスに置き換えるエネルギー代替も，環境調和型エネルギーの普及を促進する．したがって，中間技術でも，開発途上国の収益が見込める情報，エネルギー，運輸などの分野には，民活によって環境保全のための投資が拡大するといえる．

## 5．開発途上国への環境支援

1995年に設置された「持続可能な開発に関する国連委員会」は，持続可能な開発の進行状況を検証し，環境調和型技術の移転，国際協力，対策能力向上が重要であると結論した．しかし，開発途上国がアジェンダ21を実施するには，年間6000億ドルの資金が必要とされ，内4750億ドルは自らの経済活動によって賄うとして，残る1250億ドルの調達が問題となる．[18]そこで，この資金調達と環境支援の形態を検討してみよう．

### 5.1 環境支援の形態
#### ① 環境ODA

1995年の開発途上国へのODA(政府開発援助)は592億ドルで，これに直接投資950億ドルを加えれば，アジェンダ21の実施にとって十分な資金量となる．しかし，直接投資は民間企業の海外進出に伴うもので，環境対策には部分的に充当されるにすぎないから，ODAが注目される．ODAの形態は贈与と借款で，分野別配分は経済インフラ(運輸・通信・エネルギー)，社会インフラ(上下水道・教育・医療)，生産セクター(灌漑・農業等)が中心である．しかし，開発

途上国ではBOT法を制定し、収益性の高い経済インフラを中心に民間資本の参入を認め、外国投資法によって、外資出資比率を制限しつつも国内市場へ外資参入の機会を保証している。つまり、民活導入によってODAを経済インフラに充当する必要性は低下しつつある。[19]

そこで、ODAによる環境支援、すなわち環境ODAの拡充が課題となるが、これは日本の場合、1990年代で年間1100〜4600億円とODAの12〜27％程度に相当する。そして、石炭脱硫の技術開発（中国）、ゴミ収集システム整備（メキシコ）などを実施してきたが、経費の多くは、河川回収、上水道整備、洪水対策、災害緊急復旧など社会インフラや緊急援助に配分されている。他方、エネルギー代替、エネルギー効率改善の投資などエネルギー部門に関連するODAは経済インフラに含まれ、環境ODAには計上されていない。つまり、環境ODAの定義が不鮮明で、分類基準も国際的に統一されていない。さらに、日本の環境ODAの借款比率は高く、1991-96年で53.9〜83.4％に達しているが、環境保全の利益は外部経済で、収益性が低い環境分野には贈与形態による支援のほうが望ましい。

しかし、日本は1997年に「21世紀に向けた環境開発支援構想」を公表し、地球温暖化対策、自然環境保全・植林、水環境整備、環境意識向上、公害防止装置設置、省エネ、クリーンエネルギーの開発を強化する方針を打ち出している。また、開発途上国でも環境規制や外国投資法によって、環境影響評価が要請されつつある。[20] さらに、米国は、公的な輸出信用にも環境ガイドラインを設定し、三峡ダムは貴重な水棲生物の棲息地を奪うとして与信を停止した。したがって、環境ODAの拡大に努めるとともに、支援対象の再検討、贈与比率の引き上げ、国際的な環境ガイドラインの設定などが今後の課題となろう。

② 多国間環境支援

国際機関による環境支援は、資金源を各国の出資・拠出、NGO贈与に依存しているが、各国の国益が追求しにくく、出資・拠出の滞納、未払いも珍しくない。つまり、国際機関は専門的、中立的に業務を遂行できるが、そのためにかえって十分な資金を確保することが難しい。例えば、UNEPは健康と居住、

環境と開発，GEMS に関連した業務を担うが，年間予算は4000万ドル，スタッフは350人にすぎない．しかし，地球環境問題に対応する新たな基金として，1991年に GEF(Global Environmental Facility) が設立され，翌年，気候変動枠組み条約，生物多様性条約のための基金となった．GEF の運営主体は，世界銀行，UNDP，UNEP で，支援分野は，開発途上国による温室効果ガスの排出削減，生物多様性の保護，海洋・河川の管理，オゾン層の保護のほか，1994年以降，熱帯林の減少や砂漠化による土壌侵食への対策も含まれた．1991-94年のパイロット期間は GEF 信託基金は8億ドル，1994年から20億ドルが出資され，さらに民活導入を進めようとしている．[21]

　1987年に熱帯材の生産国，消費国を中心に合意された TFAP(熱帯林業行動計画)は，熱帯林の生態系の保護，農作物・家畜と樹木を組み合わせたアグロフォレストリー，伐採跡地への再造林による薪炭生産が提唱された．そして，1983年 ITTA(国際熱帯木材協定，1985年発効)の1995年改定で，2000年までに再生措置を施さない熱帯林からの木材を貿易対象にしないとし，ITTO(国際熱帯木材機関)が持続可能な林業のために，生産国での熱帯材の付加価値向上，金融支援を開始した．[22] つまり，熱帯材の消費国(25カ国)が出資し，生産国(25カ国)が産業用の木材を持続的に供給できるように，森林管理を支援し始めたのである．

　③　排出権の設定・取引

　気候変動枠組み条約の京都議定書では，1990年を基準に2010-15年までに温室効果ガスの排出削減を英独仏8％，米国7％，日本6％，ロシア0％など国別数値目標を定め，総量で5％以上の削減を目指している．そして，開発途上国への環境支援を明記し，支援形態としては GEF のほか，温室効果ガスの排出権(排出許可証)を設定し，売買取引の対象とする市場への内部化が検討されている．[23] つまり，配分された権利以上に温室効果ガスを排出するには，排出権を購入する必要があるが，排出削減に成功すれば余分な排出権を売却し，利益を上げることができる．世界銀行は，この取引の資金を集めるために政府，企業から出資を募って，炭素基金を設立しようとしている．問題は初期時点で

どれくらい排出権を設定，配分するかであるが，環境債務に配慮して開発途上国に余分な排出権を認め，それを先進工業国が買い取り，売却益で開発途上国が環境対策を行うのが望ましい．また，先進工業国が開発途上国へ環境保全技術を移転し，排出権と交換するクリーン開発メカニズムも環境支援となる．バンキングは目標を達成できない場合，次期排出権から前借りしたり，早期に目標を達成した場合に次期に繰り越すことであるが，罰金，報償金の支払は金融支援の一環をなす．また，NGOによる排出権買い取りも，排出権の価格上昇を招き，これから排出が増加する企業の負担を高め，開発途上国からの排出権購入を促すであろう．[24]

## 5.2 温暖化防止のための環境支援

新しく固有な環境保全といわれる温暖化防止計画について，低所得国の中国とインド，中所得国のタイとフィリピン，後発開発途上国のバングラデシュを対象に，計画内容と支援の状況を検証しておこう．まず，人口，経済規模に相応して計画件数，経費が策定されているが，各国の温暖化防止計画の中心は，温室効果ガス削減を目標としたエネルギー開発，エネルギー効率改善である．特にガスパイプラインを建設して，環境調和型エネルギーの天然ガスを開発したり，化石燃料エネルギーの効率改善のための投資が重視されている（表5参照）．また，各国の資源賦存量によっては，波力，風力，太陽熱，太陽光，地熱など環境調和型の自然界エネルギー開発も行われる．つまり，温暖化防止計画は，温暖化への寄与度の高いエネルギー部門に集中しており，GEF，UNEP，UNDP，ADB（アジア開発銀行）と並んで，商業ベースに近い融資を行う世界銀行も参加する．他方，水田，家畜，家庭ゴミからのメタンを対象としたり，焼畑を対象とする計画もあるが，研究中心で経費が小さい．つまり，エネルギー部門に比して，森林，農業部門を対象とする計画は等閑視されている．また，温室効果ガスの測定，監視，削減技術の研究など，情報型環境政策は，多数国を対象としても実施され，件数も少なくない．しかし，設備投資を伴わない計画が多く，経費は小さい．

表5　温暖化防止計画と国際協力　　　　（単位：万ドル）

| 当時国と計画名 | 経　費 | 支援機関・金額 | 支援目的・内容・注 |
|---|---|---|---|
| 中　国　　13（18）件 | | | |
| 【エネルギー開発】6件 | | | |
| 天然ガス生産拡大計画 | 12270 | 世銀・GEF 1000 | ガス生産と消費の拡大 |
| 再生可能エネルギー商業化 | 2700 | UNEP・GEF 880 | 市場開拓による能力向上 |
| 【エネルギー効率改善】4件 | | | |
| エネルギー効率改善計画 | 19000 | UNDP・GEF 3500 | パイロット事業と商業化 |
| 石炭火力ボイラー改良計画 | 10100 | GEF 3280・世銀 | 中小ボイラーの効率改善 |
| 地方エネルギー効率改善計画 | 1166 | GEF 836・UNDP | 産業の汚染管理を含む |
| 再生可能エネルギー促進計画 | 66 | 世銀・GEF | 投資増加と技術移転 |
| 【エネルギー回収】2件 | | | |
| 炭田内部メタン回収計画 | 1984 | GEF UNDP | メタン開発と産業研究 |
| 家庭ゴミメタン回収計画 | 1868 | UNDP・GEF 529 | ゴミ埋立地のメタン回収 |
| 【情報型環境政策】5（11）件 | | | |
| 温室効果ガス削減研究 | 209 | UNDP・GEF・世銀 | 環境影響評価と計画策定 |
| 温室効果ガス排出推計 | 68 | ドイツ | 測定と削減費用の推計 |
| 気候変動への影響評価 | 60 | ADB | 人口増加, 都市化の影響 |
| 中国研究 | 45 | 米国 | 多方面の環境研究 |
| 脱フロン冷蔵庫提言 | 25 | UNEP・GEF | 商業モデルの開発 |
| インド　　11（14）件 | | | |
| 【エネルギー開発】7件 | | | |
| ガスパイプライ拡充計画 | 100800 | ADB 26000・輸銀 | ラインの建設と修復 |
| 風力・太陽光発電計画 | 43000 | 世銀・GEF 2660 | 化石燃料代替 |
| 太陽熱発電計画 | 24500 | 世銀・GEF 5000 | 費用削減技術の開発 |
| 小規模水力地方開発 | 1464 | UNEP・GEF 750 | 山地の森林減少抑制 |
| 波力発電計画 | 795 | UNDP・GEF | 温室効果ガス削減 |
| バイオエネルギー地方開発 | 24.6 | UNEP・GEF | 地方での$CO_2$削減 |
| 【エネルギー環境負荷削減】1件 | | | |
| 温室効果ガス削減投資政策 | 150 | UNDP・世銀・GEF | 制度, 技術の改善 |
| 【環境保全技術の開発】2件 | | | |
| 炭田内部メタン利用計画 | 1730 | UNDP・GEF 919 | 探査・利用の技術支援 |
| 生物メタン利用技術開発 | 1000 | UNEP・GEF | メタン活用方法の開発 |
| 【情報型環境政策】2（5）件 | | | |
| 森林部門温暖化防止研究 | 50 | スウェーデン | 森林管理戦略策定 |
| バンガロール市大気浄化研究 | 41.4 | ドイツ | 大気浄化戦略策定 |

| | | | |
|---|---|---|---|
| タイ　　　5（9）件 | | | |
| 【エネルギー開発】1件 | | | |
| 天然ガス供給拡大計画 | 67100 | ADB | ガス供給・石油代替 |
| 【エネルギー効率改善】1件 | | | |
| エネルギー効率改善計画 | 18900 | 世銀・GEF 950 | 効率的な発電能力向上 |
| 【情報型環境政策】3（7）件 | | | |
| タイ気候変動研究 | 44.6 | 米国 | 温室効果ガスの分析 |
| 温室効果ガス削減研究 | 31.6 | ドイツ | 政界，産業界への勧告 |
| 対気候変動国家戦略 | 30 | ADB | 温暖化への寄与分析 |
| フィリピン　　6（9）件 | | | |
| 【エネルギー開発】2件 | | | |
| 地熱発電開発計画 | 133360 | 世銀・GEF | 石炭発電の代替 |
| 送電・水力発電適正利用計画 | 25900 | ADB | 建設中発電所から送電 |
| 【情報型環境政策】4（7）件 | | | |
| フィリピン研究 | 45 | 米国 | 多方面の研究 |
| $CO_2$排出削減研究 | 38 | ドイツ | 政策提言 |
| 気候変動国家通信計画 | 19 | GEF・UNEP | 情報ネットワーク形成 |
| 地域研究 | 19 | ADB | 気候変動の影響評価 |
| バングラデシュ　3（5）件 | | | |
| 【エネルギー開発】1件 | | | |
| 天然ガス供給拡大計画 | 19860 | ADB | 薪炭，石炭の代替 |
| 【情報型環境政策】2（4）件 | | | |
| バングラデシュ気候変動研究 | 45 | 米国 | 多方面の研究 |
| 環境問題地域研究 | 19 | ADB | 気候変動影響評価 |
| 多数国対象情報型政策　7件 | | | |
| 温室効果ガス対策（12カ国）中印泰比バ | 950 | ADB 100・GEF 814 | 戦略策定能力の向上 |
| 焼畑代替農法研究（6カ国）泰 | 729.2 | UNDP・GEF | 熱帯林減少の抑制 |
| 温室効果ガス監視（6カ国）中 | 600 | GEF・UNDP | 基礎データの確認 |
| 水田メタン排出研究（5カ国）中印泰比 | 500 | UNDP | メタン管理指導を含む |
| 対流圏オゾン観測（21カ国）中印比バ | 35 | UNDP・UNEP・GEF | オゾンゾンデ基地設置 |
| 持続可能な運輸研究（4カ国）中印泰 | 26.3 | ドイツ | 大都市交通政策の研究 |
| 気候変動モデル利用（6カ国）中印 | 2.5 | UNEP | モデルの普及促進 |

注：1995末～97年現在，提案，計画，実施中の案件（完了，経費未定の計画は除く）．支援機関の数字は支援金額．計画名称は内容を重視して書き換えた．多数国対象は中国（中），インド（印），タイ（泰），フィリピン（比），バングラデシュ（バ）を含む計画のみで，件数の（　）内は多数国対象を含む．

（出所）http://www.unfccc.de/fccc/ccinfo/の各国一覧より作成．

このように温暖化防止計画は，収益性が高く，民活も導入可能なエネルギー部門に集中している．もちろん，このことは温暖化防止よりも収益向上が第一義的目的となっていることを窺わせるが，開発途上国では実施の容易さからいってやむをえない．他方，森林，農業部門の環境保全計画は少なく，開発途上国のコミュニティを活用する温暖化防止計画は，情報型政策の研究以外はほとんどない．したがって，収益性が低く，大規模な民活導入が望めない分野の環境保全を，どのように実施するかが課題となる．つまり，開発途上国における高い農業雇用比率，コミュニティにおける資源管理に配慮した草の根の環境保全を検討する必要があろう．

## 6．草の根の環境保全とその支援

### 6.1 コモンズの適正管理

コモンズとは，共有牧草地，漁場のような共有財産で，利用者はお互いに制約を加えることはできない．そこで，各自がフリーライダーとして過剰放牧，乱獲のような収奪的利用が生じ，牧草地荒廃，水産資源の枯渇が招来される．この「コモンズの悲劇」を回避する手段として提案されたのが，コモンズの私有化によって，所有者に損失と利益の均衡を図るようなインセンティブを付与することである．つまり，グローバル・コモンズである大気，水，土壌の場合も，住民に環境権を認めて環境悪化防止費用を汚染者に負担させるか，汚染者に排出権を認めて悪化防止費用は住民の負担とすれば，どちらも環境の外部経済・外部不経済を市場に内部化し，適正管理の契機となる．

しかし，この議論には修正が必要である．[25] 第一に，権利の設定，内部化には，情報収集，当事者合意のための取引費用が掛かるが，複雑な国際関係のなかで権利設定の取引費用は膨大である．また，汚染者と被害者が区別できない場合も多く，温暖化にしても，森林の $CO_2$ 吸収，農業の $N_2O$ 排出などは推計誤差が大きい．したがって，取引費用を節約する技術がないと市場への内部化は困難であろう．第二に，私有化が環境保全に有効でない場合もある．例えば，

先住民のコモンズであるマレーシア，インドネシアの熱帯林でも，伐採業者が入り込むと急速に熱帯林が荒廃した．皆伐は無価値な灌木を切り倒し，択伐であっても大木にアクセスする際，無為に伐採される木が多く，1本につき17本の樹木が伐採され，体積換算で木材生産量の3倍の樹木が失われてしまう．[26] しかし，業者は木材売却益に関心があり，新たな森林の伐採権の獲得に資金をつぎ込むのみで，森林伐採後の荒廃を放置してきた．第三に，コースの定理によれば，権利の配分は資源配分からは独立であるが，所得分配には影響する．そこで，所得分配に配慮しつつ，権利設定，費用分担する必要がある．第四に，現実のコモンズには誰もが自由にアクセスできるわけではなく，現地住民を中心としたコミュニティによる管理が行われている．

## 6.2 コミュニティと財産権の設定

コモンズである薪や牧草，沿岸水産資源などにアクセスが許されるのは，コミュニティのメンバーに限られるのが一般的である．例えば，フィリピンの生業的漁業にあっても，動力漁船を持つ漁師は採算が取れても，沿岸漁場には出漁せず，沿岸は無動力船しか保有しない漁師がイカ漁をする漁場となっている．また，海岸での貝や海藻（テングサ）の採取も，貧困層の女子に確保され，動力船を所有する世帯の家族員は参加しない．森林からの薪採取の際も，枝や倒木を集め，持続的な利用を妨げる根元からの伐採は避けている．[27] また，開発途上国の自作農，小作農は1世帯当たりの耕地面積が小さく，耕作権すらもたない土地なし労働者も堆積している．そして，農業機械が購入できずに収穫が少ない一方で，不作，失業のリスクがあり，農外雇用機会にも乏しい．そこで，農家は不確実性を考慮して危険回避的行動をとる．つまり，農家は他の農家や土地なし農業労働者を雇用して収穫を行いつつも，他人の雇用機会を侵さないワーク・シェアリングを行っている．[28]

ワーク・シェアリングが可能な理由は，コミュニティのメンバーが相互に情報を共有，監視しあうことで情報の対称性が確保され，信頼関係が生まれるからで，モラル・ハザードを抑制するための取引費用は低い．漁業，運輸業など

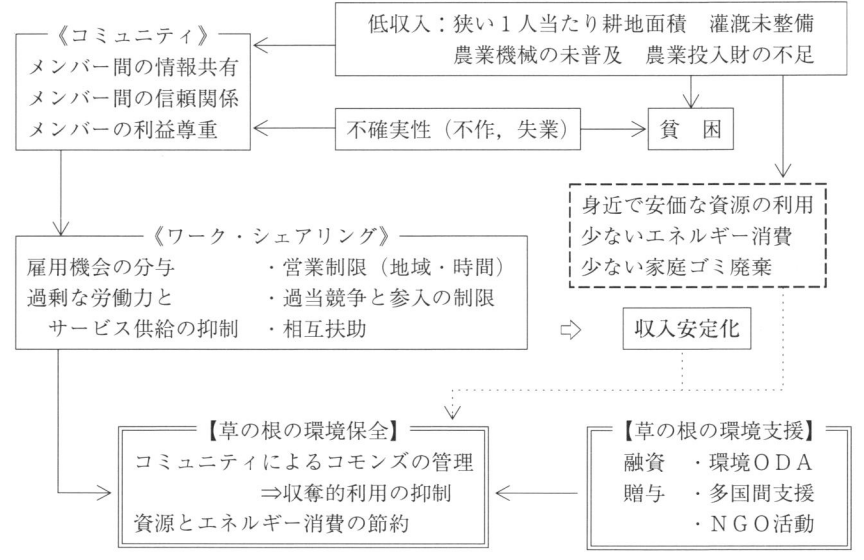

図4　草の根の環境保全とその支援

```
《コミュニティ》        ←──  低収入：狭い1人当たり耕地面積　灌漑未整備
メンバー間の情報共有            農業機械の未普及　農業投入財の不足
メンバー間の信頼関係
メンバーの利益尊重      ←── 不確実性（不作，失業） ──→ 貧困

                                                    ┌──────────────────┐
                                                    ┊身近で安価な資源の利用┊
                                                    ┊少ないエネルギー消費　┊
《ワーク・シェアリング》                             ┊少ない家庭ゴミ廃棄　　┊
雇用機会の分与　　　・営業制限（地域・時間）         └──────────────────┘
過剰な労働力と　　　・過当競争と参入の制限
　サービス供給の抑制・相互扶助            ⇒   収入安定化

        【草の根の環境保全】                    【草の根の環境支援】
        コミュニティによるコモンズの管理         融資　・環境ODA
            ⇒収奪的利用の抑制         ←──    贈与　・多国間支援
        資源とエネルギー消費の節約                     ・NGO活動
```

（出所）筆者作成

のコミュニティでも，無制限な参入が許されれば，水産資源が乱獲されたり，過当競争に陥ってしまう．そこで，出漁・営業の地域割当，時間制限など過剰な労働力やサービス供給を抑制しあうワーク・シェアリングが行われる．都市にあっても，乗り合い自動車業には指定路線ごとに組合があり，ターミナルで順番を決め，定員一杯になるまで発車しないから，乗客1人当たりエネルギー消費は，時間運行するよりも遥かに少ない．したがって，開発途上国のコミュニティでは，ワーク・シェアリングを基盤にしてメンバー相互の利益に配慮した資源の適正管理が実施され，参入や過当競争が制限されている（図4参照）．換言すれば，意図せざる草の根の環境保全が行われているといえる．

　そこで，土地なし労働者や不法占拠者に対しても，土地や森林に対する財産権を確立すれば，資源を持続的に利用する傾向が強まる．例えば，小作農や土地なし労働者に安定的な耕作権を設定すれば，土壌浸食を起こさないように，畦や耕起の深さ，栽培作物の種類や輪作に配慮した耕作，薪炭の持続的利用へ

のインセンティブが生まれる．また，不法占拠者を含む農家に森林の長期利用権を認めることで，果樹栽培や薪採取などのアグロフォレストリーが進み，持続可能な森林の利用が促される．不法占拠者は追放されるリスクを冒しており，短期間で収益を上げようと土地や森林を収奪的に利用する．そこで，それを抑制するために，財産権を認め，あわせて大資本による乱開発を防ぐのである．実際，タイではアグロフォレストリーを行うことを条件に，生涯，一定区域の森林の利用を認め，森林を再生させている．フィリピンでも，土地なしの不法占拠者に25年間の滞在権を与え，土壌侵食防止，森林再生に配慮させる．[29] そして，薪炭用，果実用の樹木を栽培し，生計を補助して草の根の環境保全を進めている．もちろん，財産権の設定は，所有権ではなく耕作権であったとしても，農地改革を意味するから，大土地所有者の反発が予想されるが，社会的コストは大きいとはいえないであろう．

ところで，開発途上国の女子は，農作業はもちろん，薪炭生産，水汲み，沿岸での貝・海草の採取に多大の労働力を提供している一方で，女子の財産権を認めないといったジェンダーによって不当に差別されている．[30] そこで女子差別を廃止し，森林，土地，水，沿岸などに対する管理に女子の参加を促せば，過剰な薪採取，土壌浸食や砂漠化を広める過剰な農業，沿岸水産資源の乱獲，家庭ゴミの投棄などの行動は弱まるであろう．つまり，財産権を女子にも認めて，持続可能な開発への女子の参加意識を高めることが，草の根の環境保全につながると考えられる．

### 6.3 草の根の環境支援

開発途上国の環境保全計画でも，エネルギー部門のように大規模で収益性の高い計画には民活導入が進んでいる．そこで，今後は等閑視されてきた分野に対して，草の根の環境支援が注目される．つまり，コミュニティでのワーク・シェアリングを活かし，住民，NGOも参加して，低い取引費用で草の根の環境保全を計画し，小規模ではあるが，効率的な環境対策を実施するのである．実際，米国のEPA(Environmental Protection Agency)は国内向けではあるが，

「持続可能な開発に向けた挑戦への贈与」として環境教育，自然保護活動など経費5万～20万ドルの環境保全計画を支援する．そして，1996年のパイロット事業では申請962案件，3800万ドルのうち45件に500万ドルを供与した．[31] ODAとしても，日本による草の根無償は，NGOの計画した1000万円程度の案件を審査し，小規模贈与によってアグロフォレストリー，沿岸資源保全，農地改革などを支援している．しかし，各国で数百の案件を1人の大使館担当者に任せており，マンパワー不足で，経費も少額である．したがって，草の根の環境支援を拡充するためには，資金拡大とともに，支援体制を改革することも必要になる．つまり，現地住民の自助努力，現地と援助国のNGOが地方自治体，政府と連携することで参加を拡大し，グローバル・パートナーシップを形成するとともに，取引費用を節約し効率的な運営を確保するための分権化も必要となる．

　他方，UNDP，UNEP，世界銀行は，開発途上国の個人経営体や中小企業の中規模プロジェクト（1件当たり経費100万ドル以下）をマイクロ・クレジットで支援し，1997年には2005年までに1億世帯へ無担保で1件当たり数千ドルを貸出すことを決めた．また，より規模の小さい案件はUNDPの小規模贈与プログラムの対象としている．[32] 支援計画は，中小企業や個人経営体の資本形成，ビジネス・チャンス拡充を目的とし，NGOが参加する場合が多い．そこで，融資や贈与を山村の小型水車発電，効率性の高いコンロの普及に供与すれば，薪炭の節約につながり，アグロフォレストリーを支援することも，熱帯林の保全に寄与する．さらに農地改革促進のための耕作権登記システム整備も，財産権の設定につながり，資源の収奪を抑制する．しかし，計画はNGOに，審査は国際機関や援助国に依存する傾向が強く，これだけでは企画・審査能力に限度がある．そこで，開発途上国の村落開発金融機関や農民銀行に環境保全基金を設け，個人経営体，コミュニティ，地方自治体の企画した環境保全計画を審査し，融資，贈与することが検討されてよい．コミュニティの受益者のオーナーシップを活かし，参加の拡大，分権化を進めれば，少額の資金，中間技術を中核とした草の根の環境支援によって，効率的に環境保全を促進できると考えられる．

図5　持続可能な開発のための南北協力

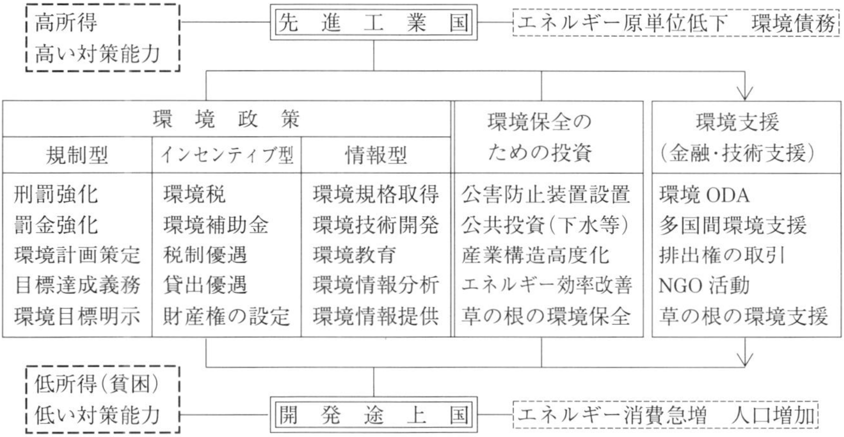

| 高所得 / 高い対策能力 | 先 進 工 業 国 | エネルギー原単位低下　環境債務 |
|---|---|---|

| 環 境 政 策 ||| 環境保全のための投資 | 環境支援（金融・技術支援） |
|---|---|---|---|---|
| 規制型 | インセンティブ型 | 情報型 | | |
| 刑罰強化 | 環境税 | 環境規格取得 | 公害防止装置設置 | 環境ODA |
| 罰金強化 | 環境補助金 | 環境技術開発 | 公共投資（下水等） | 多国間環境支援 |
| 環境計画策定 | 税制優遇 | 環境教育 | 産業構造高度化 | 排出権の取引 |
| 目標達成義務 | 貸出優遇 | 環境情報分析 | エネルギー効率改善 | NGO活動 |
| 環境目標明示 | 財産権の設定 | 環境情報提供 | 草の根の環境保全 | 草の根の環境支援 |

| 低所得（貧困） / 低い対策能力 | 開 発 途 上 国 | エネルギー消費急増　人口増加 |
|---|---|---|

注：環境対策は図の下方ほど採用が容易で，開発途上国も自らの負担で実施可能である．
（出所）筆者作成．

## 7．おわりに

　持続可能な開発のためには，共通だが差異のある責任の原則をふまえ，刑罰を含む環境規制，環境税，国際環境規格の取得要件など厳しい環境政策を先進工業国が採用する一方で，開発途上国は環境保全の努力目標明示，環境保全のための投資への税制優遇，コミュニティや女性を重視した財産権の設定，環境情報提供など緩やかな環境政策を採用すべきである．また，先進工業国は公害防止装置への投資を拡大し，開発途上国は収益性に配慮して，エネルギー効率改善，産業構造の高度化を図るなど，南北の役割を分担することが現実的な国際協力である．しかし，開発途上国は資金，資本，技術，ノウハウなどの対策能力が不足しているものの，先進工業国による金融と技術の支援を受ければ，強力な環境対策を導入することが可能である（図5参照）．したがって，持続可能な開発のための国際協力は，開発途上国のオーナーシップの下で有効な環境

対策が進むように，先進工業国による環境ODA，多国間環境支援，排出権の設定・取引など多角的な環境支援が求められる．

しかし，現在までのところ，開発途上国の環境保全計画はエネルギー部門など収益性の高いエネルギー部門が中心である．これは，開発途上国にとって環境対策の採用しやすさからやむをえないが，今後は森林，農業部門への支援など，従来まで等閑視されてきた草の根の環境保全を推進することが検討されてよい．開発途上国では農業の雇用比率は大きく，土地，森林，沿岸資源に対する財産権を個人やコミュニティに確立することで，長期的視野を持って資源を持続的に利用するインセンティブを強めることができる．そして，NGOや個人経営体の環境保全計画に対するマイクロ・クレジット，小規模贈与などによって，個人経営体への資本蓄積と環境保全を進め，少額資金，中間技術によって，参加型の持続可能な開発を促進するのである．したがって，今後は，環境保全の計画を多様化し，それへの参加を拡大するために，開発途上国のコミュニティを対象にした草の根の環境支援を拡充することが課題となると考えられる．

注
1) エネルギー部門の$CO_2$排出はIPCC(1992)，WRI(1992)で若干異なる．森林部門の寄与度はBotkin and Keller(1998)p.461は20％，Tolba(1992)p.71は26-33％，O'Riordan(1995)p.322は23％，Kemp(1994)p.149は5～20％と差異は大きい．1980年代の森林減少による$CO_2$排出はブラジル，インドネシア，コロンビア，コートジボアール，タイで過半を占める(Glasbergen and Blowers (1995) pp.96-98)．エネルギー原単位はhttp://www.iea.org/stats/files/selstas/keyindic/country/，$CO_2$排出はhttp://www.unep.ch/submenu/infokit/fact 03.htmも参照．
2) 煤塵，COも含む総汚染物質(1987年)はメキシコ市503万トン，サンパウロ211万トン，マニラ50万トン，クアラルンプール44万トンと1982年の大阪14万トン，LA 339万トンに匹敵する(Mackenzie and Mackenzie(1995)p.258)．UNEPによれば，1980-84年に世界で9億人が不健康な大気の中で暮らしているという (Tolba(1992)pp.4-6参照)．
3) 農業エネルギーはGrigg(1995)pp.87-91参照．CFC-11，CFC-2は太陽放射を吸収しやすく，大気中の耐用年数も各々75年，110年と長いため，$CO_2$を1

第2章 持続可能な開発のための国際協力——南北関係の視点から 47

とした20年間のGWP(Global Warming Potential)は各々4500, 7100となる (Chiras(1998)p.397, IPCC(1992)pp.71-72, O'Riordan(1995)p.118). $SO_x$ は Tolba(1992)pp.2-3参照.

4) 財産権のない土地なし労働者による焼畑，柴刈り・粗朶集めによる薪採取は，熱帯林減少の要因としては過大評価されている可能性が高い．開発独裁の国は不法占拠者の森林伐採を許さない，柴・粗朶は木を根元から伐採せずに採取できるからである(鳥飼(1998)pp.150-156参照)．森林原則声明も対外債務減少に言及している．デット・サービスレシオはインドネシア，ミャンマー等で高い(http://www.imf.org/external/)．しかし，債務返済と熱帯林減少は関連が薄いとの見解もある(Barbier et al. (1994)).

5) 東南アジアでは屋根にヤシやチークの葉を，外壁に竹や筵を多用し，廃材となっても環境負荷は小さい．筆者のタイ山村の滞在中(1999年3月)も，小型トラックで空き缶1㎏10バーツ(35円)で回収している．都市でも空き缶，空き瓶，段ボール紙などを回収する個人がみられる．しかし，経済発展に伴って山村でもビニール袋が普及し投棄されている．

6) リオ宣言はGlasbergen and Blowers (1995) pp.126-128, http://www.un.org/geninfo/bp/enviro.html, 南北格差は http://www.un.org/Deps/unsd/social/inc-eco.htm 参照.

7) 地球サミットの限界は Miller (1996) pp.706-707, Chiras (1998) pp.558-559, Glasbergen and Blowers (1995) p.25参照．東南アジアでは，バイオテクノロジーの利用は，サゴ，キャッサバ，ハーブなどを利用した新食品の開発が中心となっている（Yuthavong and Gibbons (1994) 参照).

8) タイも1992年に新環境増進保全法を制定し，環境政策計画局，汚染管理部，環境増進部を科学技術環境省に設置した(http://www.depq.go.th/oepp/main, 野村・作本編(1994)第5章参照)．廃棄物処理清掃法は適正処理できる製品生産を事業者の責務とし，市町村が一般廃棄物，都道府県が産業廃棄物の自区内処理を計画するとした．1992年改正後，ゴミ減量，分別が国民の責務となった(富井他（1994）参照)．1994年砂漠化防止条約(1996年発効)は，当該国が行動計画を住民参加の下に策定し，先進工業国が支援義務を負うとしたが，資金源は未定である．国連条約は http://www.un.org/esa/sustdev/agreed.htm 参照.

9) 産業構造審議委員会の1994年報告書によると，エコビジネス市場は現状15兆円，2000年23兆円，2010年35兆円で，市場での廃棄物・リサイクルの比率は各年72％，70％，65％．バーゼル条約は http://www.unep.ch/basel/sbc.htm, ゴミ輸出はメディア・インターフェイス編(1996)pp.354-356参照．廃掃法の1991年改正は，有害物無害化，密閉運搬容器への保存，遮断型処分場への埋立を定め，委託処理は専門知識，被害防止能力をもつ業者に許し，処分過程を記録するマニフェスト制度を導入した．

10) 道路通行料，駐車料も組み合わせたオスロやシンガポールの市街地乗り入

れ規制は，交通渋滞緩和に加えて，環境保全の目的もある(Lewis (1994) 参照). 他方，燃費に応じて自動車保有税を増減税するグリーン税制は，日本の運輸省でも検討されている．

11) 開発途上国でも農薬や肥料は政府の価格補填によって安価であるが，上層農家が農業投入財を過剰に投入しても，生産性向上に結びつかず，生態系を破壊する(Ellis (1992) pp.126-134参照). 他方，零細農家では貧困のため農業投入財が購入できずにいる. そこで，農業投入財を一律に価格補填するのではなく，貧困農家に優先して農業投入財を使用させる補助金，低利融資を採用すべきであろう.

12) 資源エネルギー庁はプラントの規模，技術，耐用年数，稼働率，燃料価格，為替レートに一定の前提を加えて発電費用を計算し，資源埋蔵量，$CO_2$排出を考慮すると原子力発電を拡充すべきであるという(表5参照). ただし，発電費用は，用地買収費，廃棄物処理費，事故復旧費にも依存し，国別推計は確定的なものではない.

13) 環境情報分析などは http://www.unfccc.de/fccc/ccinfo/genrtoc.htm 参照.

14) 国際標準化機構(International Organization for Standardization)の環境管理システム仕様書(ISO 14001)，環境管理システム一般ガイド(ISO 14004)，環境監査一般原則(ISO/CD 14010)，環境監査ガイドライン監査手順(ISO 14011/1)，環境監査ガイドライン-監査資格基準(ISO/CD 14012)のなかで，ISO 14001は1996年9月に発効し，日本も10月に環境JISを制定した.

15) 発電所の$NO_x$削減は Liu (1993) pp.26-33参照.

16) 排水の浄化コストは Botkin and Keller (1998) p.543参照. 開発途上国の簡易上下水道は，地元の無償または安価な労働力と資源を活用して整備するのが効率的である(Cairncross and Feachem (1993)).

17) 地方でも携帯電話など通信サービスが充実されている(Akwule (1992) pp.65-70, 77-83). 1990年代からの開発途上国の環境法は ADB (1994) pp.220-221, 野村・作本編(1994)参照.

18) 資金は，http://www.un.org/geninfo/bp/envirp 4. html 参照.

19) BOT(Build-Own-Transfer)は民活による建設，運営後，インフラを政府に移譲する方式(鳥飼(1998)pp.60-62). ODAは外務省 (1997)，鳥飼(1998)pp.189-191, OECD(1997), http://www.oecd.org/dac/htm/参照. 日本の対フィリピンODAでは，社会インフラ，災害予防を除外した環境ODAは，1987-96年で537億円 (10件) (ODAの5.6%)，円借款が96.2%を占める. 1件当たり経費は多額で，社会インフラの2.6倍ある(鳥飼(1999)).

20) ただし，環境影響評価の報告書の情報公開は不十分である.

21) GEFは http://www.unep.ch/iuc/submenu/infokit/fact 28. htm 参照. 加盟する157の政府，機関のうち，32のメンバーがGEF委員会を組織するが，開発途上国が一国一票を，先進工業国が拠出に応じた投票権の行使を主張し，世界銀行の営利性，官僚的介入に対しても開発途上国とNGOの反発がある

(O'Riordan (1995) p.25). 1999年のモントリオール議定書締約国会議でも,フロン廃止基金に対して,2000年から3年間,先進工業国が4億4000万ドルを拠出することで合意した(朝日新聞(夕刊)1999年12月4日参照).
22) ITTOへの拠出は日本が40%以上を占め,産業用木材の持続的生産のためにブラジルでの自然林管理に151万ドル,マングローブ林の経済・環境的価値の日本での研究に27万ドルを支出している(Barbier et al. (1994), 鳥飼 (1998) pp.191-192).
23) 京都議定書は http://www.unfcc.de/fccc/docs/cop 3/, 温暖化防止は http://www.unep.ch/iuc/submenu/infokit/factcont.htm 参照. 1999年10月の第5回締約国会議では,2002年までに議定書の発効を目指すことが確認された・
24) NGOも環境支援に重要な役割を果たす.債務と自然環境のスワップ(Debt-for-Nature Swaps)は開発途上国の公的対外債務をNGOが買い取り,支払いを求めないかわりに,政府が環境保全に合意する取り決めである.対外債務は,額面が債務額より低い現地通貨建て国債に転換され,開発途上国にも利点がある.1984年に,米国の世界保護協会がボリビアの公的対外債務(57億ドル)から65万ドル分を10万ドルで割り引き購入したのを受けて,ボリビア政府は熱帯林150万ヘクタールを保全し,25万ドルの基金を用意するとした.こうして,1991年末までに9カ国16件,約1億ドルの対外債務を1600万ドルの環境保全の資金に転換した.しかし,ボリビア政府の場合,5年も経過した1989年に10万ドルを出資したが,業者による熱帯林伐採が続いた.また,スワップの保全計画に保全地区の先住民5000人は関知していなかった.スワップの有効性を高めるには,開発途上国の計画予算確保,住民参加,NGOによる監視が望まれる.(Miller (1996) p.292, Glasbergen and Blowers (1995) p.160, World Bank (1992) pp.168-169参照).
25) コモンズは Glasbergen and Blowers (1995) pp.179-180参照.
26) 伐採量は Barbier et al. (1994) p.144, Miller (1996) p.286参照.
27) フィリピン漁村の事例は鳥飼(1990)参照.
28) 開発途上国の農業機械化は Binswanger et al. (1987)参照.ワーク・シェアリングは鳥飼(1990),同(1998)第3章参照.
29) 財産権と環境は Ellis (1993) pp.248-258参照.木材伐採ではなく果樹,薪炭生産向けのアグロフォレストリーは MacDicken and Vergara (1990) pp.355-367参照.
30) 1975年メキシコ宣言で,女子の開発への参加が謳われ,1979年女子差別撤廃条約も1981年に発効した.しかし,女子は家事労働,非賃金雇用が多く,貢献に見合った所得をえていない (Ellis (1993) ch.9, UNDP (1996), 鳥飼 (1998) pp.70-72参照).
31) EPAは環境規制を運用するほか,大気汚染管理,環境教育,廃棄物処理など様々な部門別のプログラムを支援し,申請マニュアルもインターネットで入手できる (http://yosemite.epa.gov/osec/osechome.nsf/参照).

32) マイクロ・クレジットは http://www.undp/org/dpa/publications/annualreport/index.thml 参照.

## 参 考 文 献

外務省(1997)『我が国の政府開発援助　上巻』国際協力推進会

資源エネルギー庁公益事業部編(1995)『原子力発電―その必要性と安全性』日本原子力文化振興財団

鳥飼行博(1990)「フィリピン漁村の経済構造」『東南アジア研究』27巻4号

――――(1998)『開発と環境の経済学―人間開発論の視点から』東海大学出版会

――――(1999)「日本ODAの国別・分野別評価―対フィリピン経済インフラ支援の事例を中心に」『行動科学研究』第51号

富井利安他（1994）『環境法の新たな展開』法律文化社

野村好弘・作本直行編（1994）『発展途上国の環境法―東南・南アジア』アジア経済研究所

メディア・インターフェイス編(1996)『地球環境情報 1996』ダイヤモンド社

ADB : Asian Development Bank (1994) *Economic Cooperation in the Great Meakong Subreagion : Toward Implementation.* ADB

Akwule, Raymond (1992) *Global Telecommunications : The Technology, Administration, and Policies.* Focal Press, Boston

Barbier, Edward B. *et al*. (1994) *The Economics of the Tropical Timber Trade.* Earthen, London

Binswanger *et al*. (1987) *Agricultural Mechanization : Issues and Options.* World Bank

Botkin, Daniel B. and Keller, Edward A. (1998) *Environmental Science : Earth as a Living Planet.* John Wiley & Sons, New York

Cairncross, Sandy and Feachem, Richard G. (1993) *Environmental Health Engineering in the Tropics : An Introductory Text.* John Wiley & Sons, Chichester

Chiras, Daniel D. (1998) *Environmental Science : A Systems Approach to Sustainable Development.* Wadsworth, Belmont

Ellis, Frank (1992) *Agricultural Policies in Developing Countries.* Cambridge University Press, Cambridge

――――(1993) *Peasant Economics : Farm Households and Agrarian Development.* Cambridge University Press, Cambridge

Glasbergen, Pieter and Blowers, Andrew ed. (1995) *Environmental Policy in an International Context : Perspectives on Environmental Problems.* Arnold, London

Grigg, David (1995) *An Introduction to Agricultural Geography*. Routledge, London

IPCC : Intergovernmental Panel on Climate Change (1992) *Climate Change : The 1990 and 1992 IPCC Assessments.* IPCC/WMO/UNEP, Canada

Kemp, David (1994) *Global Environmental Issues : A Climatological Approach.* Routledge, London

Lewis, Nigel C. (1994) *Road Pricing : Theory and Practicing.* Thomas Telford, London

Liu, Paul Ih-fei (1993) *Introduction to Energy and the Environment.* VanNostrand Reinhold, New York

MacDicken, Kenneth G. and Vergara, Napoleon T. ed.(1990) *Agroforestry : Classification and Management.* John Wiley & Sons, New York

Mackenzie, Fred T. and Mackenzie, Judith A. (1995) *Our Changing Planet : An Introduction to Earth System Science and Global Environmental Change.* Prentice Hall, New Jersey.Miller, G. TylerJr. (1996) *Living in the Environment : Principles, Connections, and Solutions.* Wadsworth, Belmont

OECD (1997) *Development Co-operation 1996.* OECD, Paris

O'Riordan, Timothy ed. (1995) *Environmental Science for Environmental Management.* Longman, Essex

Tolba, Mostafa K. (1992) *Saving Our Planet : Challenges and Hopes.* Chapman & Hall, London

UNDP : United Nations Development Programme (1996) *Human Development Report 1996* Oxford University Press, New York

Yuthavong, Yongyuth and Gibbons, Gregory C. (1994) *Biotechnology for Development : Principales and Practice Relevant to Developing Countries.* ASEAN Subcommittee on Biotechnology, Bangkok

World Bank (1992) *World Development Report 1992.* Oxford University Press, New York

―――――(1995)*World Development Report 1995.*Oxford University Press, New York

WRI : World Resources Institute (1992) *World Resources 1992-93.* Oxford University Press, New York

# 第 3 章

# 環境保全への民間の取組みと政府の施策に関する理論的分析

## 1. はじめに

　今日の環境問題は，都市・生活型の環境問題や地球温暖化問題等にみられるように，生活関連の環境負荷に起因するものが多くなっている．1999年の『環境白書』では，日常生活において発生する環境負荷として，次のような問題が取り上げられている．まず第1は，日常生活において大量の資源やエネルギーが消費されていることである．とりわけ，家庭内におけるエネルギー消費に伴う二酸化炭素排出量は増加傾向にあり，その背景の1つに電気製品や自動車等の耐久消費財の大型化，高級化，大量普及が指摘されている．第2は，日常生活で不要となったゴミの排出である．近年，家庭で発生するゴミの排出量の増加とともにその質も変化し，それが環境負荷を大きくする要因となっている．第3は，日常生活で排出される生活排水である．このような生活排水は，海や河川，湖沼における水質汚濁の原因となっている．そして最後に，日常生活における自動車の利用が挙げられている．自動車はわれわれの便利で快適な生活を支えており，その利用は増加の一途を辿っている．しかしその一方で，自動車の排気ガスには二酸化炭素や窒素酸化物等が含まれており，自動車は地球温暖化や大気汚染の発生源となっている．

これらの環境問題では，生活者は加害者であると同時に被害者となっており，環境保全に向けた政府による取組みだけでは，環境問題の抜本的な解決策にはならない状況にある．1993年（平成5年）に制定された環境基本法では，国や地方公共団体，事業者，国民の環境の保全に係る責務を明らかにしており，国民の責務として，「日常生活に伴う環境への負荷の低減に努めなければならない」と規定している．また，環境基本法に基づき，1994年（平成6年）に策定された環境基本計画では，今後対応すべき環境問題の特質として，次のことを述べている．すなわち，今日の環境問題の多くは，通常の事業活動や日常生活一般による環境への負荷の増大に起因する部分が多く，その解決のためには，経済社会システムのあり方や生活様式を見直していくことが必要であり，そのために広範な主体の参加による自主的，積極的な環境保全が必要とされているということである．

　このように，上記の環境問題の解決に向けては，民間における環境保全への取組みが求められている．しかし，政府が生活者である個人に対してこれまでの生活様式を環境に配慮したものへ変更することを強制することは不可能であろう．また，利便性や快適性を追求する生活の中で，各個人は環境への負荷に伴い社会に発生する費用を認識しないため，具体的な環境保全行動が実践されるには至らない場合が多いと考えられる．政府としては，今後，個人の生活行動を環境に配慮したものへと支援，誘導することが必要となるであろう．そこで，本章の目的は，環境保全対策における民間の役割や個人が環境保全に適合した行動をとることを促すための政府の政策手段を理論モデルを用いて検討することである．理論モデルによる分析では，とりわけ次の点を明らかにする．まず第1に，環境保全において民間の役割が重要であり，政府による対策には限界が生じうること，そのため第2に，個人の環境保全に適合した行動を促すために，政府にとっては補助金や課徴金の制度の活用が環境保全に対する有効な手段になりうることである．

　本章の構成は，以下の通りである．第2節では，理論モデルによる分析を行う前に，まず，上で述べた生活関連の環境負荷に起因する環境問題において個

人に求められる具体的な環境保全行動を簡単に概観しておくことにする．次に第3節では，政府（地方自治体）の環境保全対策と各個人の自発的な環境保全行動を分析するための基本モデルを提示する．そして，第4節では，民間における環境保全行動が環境の改善に寄与することを示すと同時に，経済厚生を最大にするという意味での政府の環境保全サービスの最適な水準を導出し，そのような水準が個人の自発的な環境保全行動とどのような関係にあるのかについて検討する．さらに第5節では，個人が環境保全に適合した行動をとることを促すための政府の政策手段について検討する．最後に第6節において，本章での結論を要約する．

## 2．環境保全に対する民間での取組み

本節おいてまず，環境保全に対する個人による自発的な取組みとして考えられうる行動を，1994年に策定された政府の環境基本計画に基づいて概観しておくことにしよう．

政府の環境基本計画では，環境保全に対する国民の役割として，大きく分けて次の4つの役割が掲げられている．第1は，人間と環境との関わりについての理解を深めるよう，積極的に自然を体験するなど，自ら学習に努めることである．第2は，日常生活に伴う環境への負荷の低減に努めることである．第3は，地域のリサイクル活動，緑化活動，環境美化活動への参加等により地域の環境保全に努めたり，民間団体の活動への支援を通じて地球環境保全の取組みに参加することである．そして第4は，国，地方公共団体が実施する環境保全施策に協力することである．表1には，これらの役割に対する具体的な環境保全行動の例が示されている．この表からわかるように，個人に求められる環境保全行動は，環境への負荷低減のための日常生活におけるさまざまな工夫から，地域のボランティア活動への参加や民間団体への寄付行為に至るまで幅広いものである．

ここで，このような環境保全行動が個人に求められていることを具体的にみ

表1 環境基本計画における国民の役割と環境保全行動

| 国民の役割による分類 | | 環境保全行動 |
|---|---|---|
| 自然を体験，積極的，自主的学習の推進 | | ・訪問地では，自分の出したゴミで汚さないように気をつける．<br>・観光・余暇活動の際にはなるべく自然を破壊することのないように気をつける．<br>・余暇には，自然とふれあうように心がける． |
| 日常生活に伴う環境への負荷の低減 | 再生紙等負荷の少ない製品やサービス選択 | ・再生紙などのリサイクル商品を購入する．<br>・物を買うときはいつも環境への影響を考えてから選択する．<br>・地球にやさしいエコマーク等のついた商品を購入することを心がける． |
| | 洗剤の適正な使用等生活浄水対策 | ・台所で，食用油や食べかすを排水口から流さないようにする．<br>・日常の生活で節水に気をつける．<br>・洗剤使用の適正化に努める． |
| | ゴミの減量化 | ・物は修理して長く使用する．<br>・日常生活においてできるだけゴミを出さないようにする．<br>・買い物での過剰包装を辞退する．<br>・使い捨て商品はなるべく買わないようにする． |
| | リサイクルのための分別収集への協力 | ・ゴミは地域のルールに従ってきちんと分別して出すようにする．<br>・ビン，カン類は分別してリサイクルに回す．<br>・新聞，雑誌は古紙回収に回す．<br>・不要品をバザー，フリーマーケット，ガレージセール等のリサイクルに回す． |
| | 節電等による省エネルギー | ・冷暖房の使用には，エネルギーの節減に心がける．<br>・日常の生活で節電に気をつける．<br>・省エネルギー型の家庭電化製品を選択して購入する． |
| | 自家用乗用車使用の自粛 | ・環境への負荷の低減に効果のある適切な方法での自動車使用に努める．<br>・なるべく自動車を使わず，徒歩，自転車や電車等の公共交通機関を利用する． |
| 環境保全への参加 | 地域のリサイクル活動，緑化活動や環境美化などにより地域の環境保全に努める | ・地域の美化活動に参加する．<br>・地域のリサイクル活動に参加する．<br>・地域の緑化活動に参加する． |
| | 民間団体の活動への支援を通じて地球環境保全の取組に参加 | ・環境保護の市民活動に参加する．<br>・環境保護団体に寄付をしたり，会員となる． |
| 国，地方公共団体が実施する環境保全施策に協力 | | ・国や地方公共団体が提唱する環境保全活動に協力する． |

(出所) 環境庁編『環境白書（総説）』(平成10年版) より作成．

るため，とりわけ都市のような地域において主要な問題となっているゴミ処理と自動車に起因する大気汚染の問題を取り上げよう．このような都市・生活型の環境問題に対する政府の施策に共通してみられる点は，いずれも従来は対症療法的な施策が実施されてきたが，近年そのような施策を続けていくことが難しくなってきたことである．[1]

　ゴミ処理問題の場合，増え続けるゴミの排出量に対して，これまで地方自治体はゴミ処理能力を拡充することでこれに対応してきた．しかし現状では，ゴミ最終処分地の確保が困難であることや住民の反対によりゴミ処理施設の建設が難航していることによって，ゴミ処理容量の拡充にも限界がみえてきた．このため，ゴミの減量化が不可避となるが，これに代わる地方自治体のもう1つの施策は，ゴミの分別収集及びリサイクルの推進である．一方，自動車交通需要の増大に対しても，道路網を整備し，交通サービスの供給を拡大するという需要追随型の施策が実施されてきた．しかし，このような交通容量の拡大だけでは，増え続ける窒素酸化物等の排出による環境問題に対処することはできず，新たな施策が検討されている．例えば，環境負荷の少ない公共交通機関を整備し，その利便性を向上させることにより，公共交通機関へ需要を誘導することが考えられる．この他にも，低公害車や低燃費車など低環境負荷型の自動車の普及を図るとともに，交通管制システムの高度化や交差点構造の改良等による交通の分散と円滑化等の施策が推進されている．

　このように従来の対症療法的な施策が困難である状況の下で，これに代わる新たな施策では，いずれも生活者である個人の協力が求められることが多くなっている．例えば，ゴミの分別収集はまず住民にゴミの排出形態の変更を迫るものであることから，それには住民のゴミ処理行政への理解と協力が必要となる．さらに，それらの施策を積極的に進めていくためには，各個人にはこれまでの生活様式の見直しと環境問題に対する自主的，積極的な取組が期待されている．その具体的な取組としては，例えば次のようなものがある．

　まず，リサイクルを推進させるためには，各個人はゴミの分別収集に協力するだけではなく，再生紙等のリサイクル商品をできるだけ購入すること，地域

におけるリサイクル活動に積極的に参加すること等が挙げられる．さらに，ゴミの減量化を行う取組みとして，使い捨ての商品をなるべく購入しないようにすること，家具や電化製品等の耐久消費財はできるだけ修理に回して長期間使用すること，家庭で発生した生ゴミのコンポスト化による自家処理等，日常においてゴミを出さないように配慮した生活が考えられる．また，大気汚染対策として，外出の際にはなるべく自動車を使わず自転車や鉄道等の公共交通機関を利用すること，自動車購入の際には環境に配慮して低公害車や低燃費車のような低環境負荷型の自動車を選択すること等も挙げられよう．こうして，民間における自主的，積極的な環境保全行動が環境問題の解決に寄与する役割は，今後重要になると考えられる．

しかし，表1で示された環境保全行動は一般に，多くの場合，金銭や時間といった費用を伴うことになる．また，環境への関心があっても，個人は生活の利便性や快適性を優先し，行動が依然実行に結びつかない場合が多いように思われる．このため，政府の今後の環境政策の手段として，環境に配慮した行動をとるインセンティブを個人に与えるような措置も検討されなければならないであろう．具体的には，補助金や課徴金の制度を活用して，環境を保全する個人の行動に対して補助金を支給したり，逆に環境への負荷をもたらす行動に対しては経済的負担を課すこと等の手段が考えられる．そこで，次節以降では，環境保全に対する民間の取組と政府の施策について理論モデルを用いて分析することにする．

## 3．理論的分析の枠組み

### 3.1 個人の自発的な環境保全行動

理論モデルでは，$n$ 人 $(n \geq 2)$ の個人からなる経済を想定しよう．この経済における個人 $i\,(i=1,\cdots,n)$ の効用関数は，

$$u_i = u^i(x_i, E), \tag{1}$$

で表される．ここで，$x_i$ は個人 $i$ の私的消費，$E$ は経済における環境の質で

ある．効用関数は各変数に関して単調増加，強い意味での準凹関数で，2回連続微分可能とする．また，環境の質 $E$ は公共財とみなされ，各個人の消費活動によって悪化する一方，政府によるさまざまな環境保全対策や各個人による自発的な環境保全行動によって改善されるものとする．[2] そこで，環境の質 $E$ を次式で表すことができものとし，$E > 0$ とする．

$$E = e_0 - \beta \sum_{i=1}^{n} x_i + \gamma \sum_{i=1}^{n} g_i + \delta G. \tag{2}$$

ここで，$e_0 (>0)$ を当初の環境の質，$\beta (>0)$ を私的消費による環境悪化係数，$g_i$ を個人 $i$ による環境保全への貢献の水準，$G$ を政府による環境保全対策のための公共サービスの水準とする．そして，$\gamma$ と $\delta$ ($\gamma, \delta > 0$) はそれぞれ個人 $i$ の貢献 $g_i$ と政府の環境保全対策 $G$ による環境改善係数である．

さらに，個人 $i$ の予算制約式は，

$$x_i + p g_i = Y_i - T_i, \tag{3}$$

で示されるものとする．ここで，$p$ は私的消費で測った環境保全への貢献 $g_i$ に関する相対価格，$Y_i$ は外生的な個人 $i$ の所得，$T_i$ は税負担額である．前節でも述べたように，個人の環境保全行動への支出である費用は金銭だけではなく時間も含まれている．そこで，時間を賃金率で所得に基準化すれば，$Y_i$ を個人 $i$ が環境保全行動に費やす資源としても解釈できるであろう．また，各個人には所得税が課せられるものとし，税負担額 $T_i$ は，

$$T_i = \tau Y_i, \tag{4}$$

で表される．ここで，$\tau$ は税率である．

(2), (3), (4)式より，個人 $i$ の予算制約式は次式に書き換えられる．

$$(\gamma + \beta p) x_i + p E$$
$$= \gamma (1-\tau) Y_i + p (\gamma + \beta p) \sum_{j \neq i} g_j + p \delta G + p e_0 - (1-\tau) \beta p \sum_{j \neq i} Y_j = I_i. \tag{5}$$

これより，個人 $i$ は，政府の環境保全対策 $G$，他の個人の自発的貢献 $g_j (j \neq i)$ を所与として，予算制約式(5)の下で効用を最大化するように，$x_i$ と $g_i$ を選択するものとする．ここで，(5)式における右辺の $I_i$ は個人 $i$ の実効所得であり，

個人 $i$ にとって所与となる．したがって，各個人は，私的消費において利便性や快適性を追求し，それによって環境負荷を発生させる一方，環境にもある程度の関心をもち，自発的に環境への負荷を抑制する行動をとるものとする．

### 3.2 ナッシュ均衡

政府（地方自治体）は，各個人から徴収した税金を財源にして，ゴミ処理対策や大気汚染対策等，環境保全対策のための公共サービス $G$ を供給するものとする．このとき，政府（地方自治体）の予算制約式は次式で示される．

$$C(G) = \sum_{i=1}^{n} T_i. \tag{6}$$

(6)式における左辺の $C(G)$ は政府による環境保全対策の費用関数を表し，$C(0)=0$, $C'(G)>0$, $C''(G)>0$ が成立するものとしよう．ここで，$C''(G)>0$ という仮定については，例えば，ゴミの排出量の増大に対して，ゴミ処理施設の拡張が追いつかない状況を考慮すると，環境保全対策 $G$ の限界費用は逓増すると考えられる．

上記のモデルのナッシュ均衡における各個人の環境の質 $E$ への需要関数は，次式で表される．

$$E = f^i(\gamma + \beta p,\ p,\ I_i),\ i=1,\cdots,n. \tag{7}$$

モデルにおいて，環境の質 $E$ 及び各個人の私的消費 $x_i$ はすべて正常財であることを仮定する．また(2)式は，(3)式を用いて $x_i$ を消去すると，次式になる．

$$E = e_0 + (\gamma + \beta p)\sum_{i=1}^{n} g_i + \delta G - \beta(1-\tau)\sum_{i=1}^{n} Y_i. \tag{2'}$$

以下では，分析を容易に行うために，すべての個人は同質であることを仮定しよう．すなわち，すべての個人は同じ効用関数と所得をもつものとする．これより，ナッシュ均衡において，$g_i=g_j=g>0$, $x_i=x_j=x>0$, $(i,j=1,\cdots,n)$ が成立する．[3] 個人を示す添字 $i$ を省略して表示すると，(7), (2'), (6)式は，それぞれ(8-1), (8-2), (8-3)式になる．

$$E = f(\gamma + \beta p,\ p,\ I), \tag{8-1}$$

$$E = e_0 + (\gamma + \beta p)ng + \delta G - \beta(1-\tau)nY, \qquad (8\text{-}2)$$
$$C(G) = \tau nY. \qquad (8\text{-}3)$$

ここで，$I = [\gamma - (n-1)\beta p](1-\tau)Y + p(n-1)(\gamma + \beta p)g + p\delta G + pe_0$ である．したがって，本節で示されたモデルは，同質の個人からなる経済を仮定することによって，(8)式に要約されることになる．そこで，次節以降での分析のために，需要関数 $f$ の価格 $(\gamma + \beta p)$，$p$ 及び所得 $I$ に関する偏微分をそれぞれ $f_x = \partial f/\partial(\gamma + \beta p)$，$f_E = \partial f/\partial p$，$f_I = \partial f/\partial I$ で表示する．

さらに，各個人の間接効用関数は，次式で示される．
$$v = v(\gamma + \beta p, p, I).$$

需要関数と同様に，間接効用関数の価格 $(\gamma + \beta p)$，$p$ 及び所得 $I$ に関する偏微分をそれぞれ $v_x = \partial v/\partial(\gamma + \beta p)$，$v_E = \partial v/\partial p$，$v_I = \partial v/\partial I$ で表すことにする．

## 4．環境保全に対する政府と民間の行動

### 4.1 環境保全における民間の役割

まずはじめに，前節で示した理論モデルに基づき，環境保全における民間の役割について検討しよう．各個人がさまざまな環境保全に取り組もうとする場合に，その費用 $p$ が高ければ，実行は困難となるであろう．より小さな $p$ の値は各個人が環境保全に容易に取り組むことができる状態にあることを意味しており，具体的には次のような状況が想定されるであろう．ゴミ処理問題では，各個人が容易に地域のリサイクル活動に参加できるような体制が整備されていることや，廃棄物を自家処理できるより安価な器具が普及すること等が挙げられよう．また，自動車に起因する大気汚染の場合には，自動車の利用に比べて相対的に低料金で公共交通機関が利用可能であること，より安価な低公害車や低燃費車の普及等が挙げられよう．

そこで，政府の環境保全対策 $G$ を所与として，$p$ の低下が，環境の質や経済厚生に及ぼす効果を分析しよう．そのためにまず，(8-1)に(8-2)式を代入し

て，$p$ と $g$ で全微分して整理すると，次式が導かれる．

$$\frac{dg}{dp} = -\frac{1}{p\Delta}\left[\beta png(1-f_{Ip}) + (\gamma+\beta p)gf_{Ip} + \gamma s_x\right]. \tag{9}$$

ここで，$\Delta = (\gamma+\beta p)[1+(n-1)(1-f_{Ip})]$ である．環境の質 $E$ 及び各個人の私的消費 $x$ はすべて正常財であることから，$\Delta>0$ になる．また，$s_k$ をスルツキー方程式，$f_k = s_k - kf_I, (k=x,E)$ の代替項とすれば，(9)式の導出においては，代替項の性質，$(\gamma+\beta p)s_x + ps_E = 0$ が用いられている．$s_x>0$ より，(9)の右辺の括弧内の値は正であることから，$dg/dp<0$ になる．すなわち，$p$ の低下は各個人の環境保全への自発的な貢献を増加させることがわかる．

次に，環境の質 $E$ に及ぼす効果を検討するために，(8-2)式を $p$ で微分して(9)を代入すると，次式が得られる．

$$\frac{dE}{dp} = -\frac{\gamma n}{p\Delta}(\gamma+\beta p)(f_{Ip}g + s_x) < 0. \tag{10}$$

これより，$p$ の低下は環境の質を改善することになる．さらに，間接効用関数を $p$ で微分して，ロワの恒等式，$x=-v_x/v_I, E=-v_E/v_I$ 及び(9)を用いると，

$$\frac{dv}{dp} = -\frac{v_I\gamma}{\Delta}(\gamma+\beta p)[ng+(n-1)s_x] < 0, \tag{11}$$

が導かれる．(11)は，$p$ の低下が経済厚生を増加させることを示している．

したがって，各個人が環境保全に容易に取り組むことができるようになり，民間における自発的な環境保全行動が活発化すれば，それは環境の改善に寄与し，すべての個人に便益をもたらすようになることがわかる．

### 4.2 政府の環境保全対策

本節では次に，政府が環境保全対策のサービス水準 $G$ を変化させた場合に，個人の自発的な貢献 $g$，さらに環境の質や経済厚生がどのように変化するのかについて検討しよう．そのために，(8-1)式に(8-2)，(8-3)を代入して税率 $\tau$ を消去し，$g,G$ で全微分すると，まず，次式が導かれる．

$$\frac{dg}{dG} = -\frac{1}{n\Delta}[n(\delta + \beta C'(G))(1-f_I p)+(\gamma+\beta p)f_I C'(G)]. \quad (12)$$

(12)より，$\Delta > 0$ 及び，右辺の括弧内の値は正であることから，$dg/dG < 0$ となることがわかる．すなわち，政府による環境保全対策 $G$ の増加は，逆に個人の自発的な貢献を抑制することになる．これより，個人は日常の消費活動において利便性や快適性を追求するため，政府によって環境が改善されるのであれば，自発的な環境保全行動を怠るようになるといえよう．

さらに，$G$ の増加が環境の質や経済厚生に及ぼす効果を調べるために，(8-2)式及び間接効用関数をそれぞれ $G$ で微分して(12)を代入すると，それぞれ次式が得られる．

$$\frac{dE}{dG} = \frac{f_I}{\Delta}(\gamma+\beta p)(\delta p - \gamma C'(G)), \quad (13)$$

$$\frac{dv}{dG} = \frac{v_I}{\Delta}(\gamma+\beta p)(\delta p - \gamma C'(G)). \quad (14)$$

(13)，(14)より，政府の環境保全対策が，

$$\frac{C'(G)}{\delta} = \frac{p}{\gamma}, \quad (15)$$

図1　経済厚生または環境の質への効果

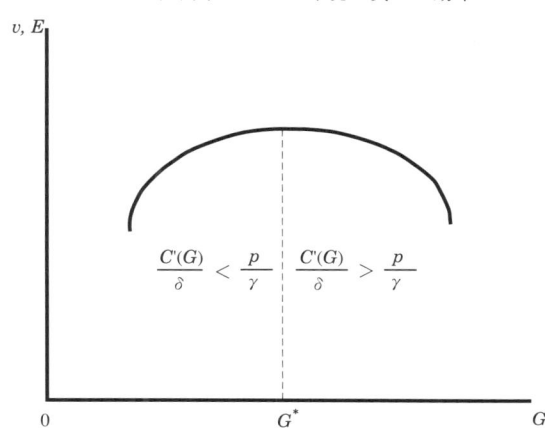

を満たすような水準$G^*$であるとき，$dE/dG=0$，$dv/dG=0$となる．一方，もし$C'(G)/\delta<(>)p/\gamma$であれば，すなわち，$G<(>)G^*$のとき，それぞれ$dE/dG>(<)0$，$dv/dG>(<)0$となる．これより，図1で示されるように，$G=G^*$の下で，環境の質及び経済厚生はそれぞれ最大となることがわかる．[4]ここで，(15)の左辺と右辺はそれぞれ，環境の質を1単位改善するための政府の限界費用と個人の自発的な貢献による限界費用を示している．

したがって，$G<G^*$であるときには，後者が前者を上回ることになる．この場合には，各個人の自発的な環境保全への支出を減少させて，その分を税の負担増を通じて政府の支出に回すことが，環境の改善に寄与することになる．すなわち，このことは，政府による環境保全サービスの供給が，民間における環境保全への取組よりも環境改善に対してより効果的であることを意味する．そのため，$G$の増加による環境改善の効果は，(12)より，$g$の減少によって部分的に相殺されるものの，全体として環境の質は改善され，$G$の増加は経済厚生を増加させることがわかる．一方，逆の場合，すなわち$G>G^*$であるときには，政府による環境保全対策よりも，むしろ民間における取組みの方が環境の改善により有効に寄与することになる．この場合，$G$が増加すると，それによる環境改善の効果よりも$g$の減少による環境の悪化の影響が大きく，結果として$G$の増加は環境を悪化させると同時に，個人の税負担を増加させて経済厚生を減少させることになる．

また，$G=G^*$であるときには，政府の環境保全対策$G$の1単位の増加による環境改善の効果が各個人の自発的な貢献$g$の減少によって完全に相殺されるというクラウディング・アウト効果($dE/dG=0$)が発生している．さらにこのときには，$G$の増加は個人の消費活動に何ら影響を及ぼさず，結局，経済厚生に対しても中立的となる．[5]

こうして，$G$の水準が$G^*$に達すると，もはや$G$の増加により環境保全対策を進めることには，限界が生じることになる．経済厚生を最大にするこの$G^*$の水準は(15)より，$\delta$，$p$及び$\gamma$の値に依存することがわかる．すなわち，個人の自発的な環境保全行動が政府の環境保全対策に対して相対的に環境改善

に寄与するようになるならば，すなわち $\delta$ と $p$ の値が小さく $\gamma$ の値が大きいほど，$G^*$ の水準はより小さく設定される．とりわけ，より小さな $p$ の値，すなわち各個人が環境保全に容易に取り組むことのできる状態になればなるほど，政府は自らの環境保全対策の支出水準を減らすことができるようになることがわかる．[6]

## 5．補助金・課徴金の導入

前節では，経済厚生及び環境の質を最大にするという意味での政府の最適な環境保全サービスの水準が導かれた．本節では，政府の環境保全サービスがそのような水準に設定されている場合に，経済厚生及び環境の質をさらに増加させるための政府の政策手段について検討しよう．

### 5.1 補助金の導入

前節の分析において政府の環境保全対策が $G^*$ の水準であるとき，さらに環境の質を向上させるための政策手段の1つとして，個人の自発的な環境保全行動に対して補助金を支給することが考えられる．例えば，都市における大気汚染対策として，住民が低環境負荷型の自動車を購入した場合に，そのような自動車に係る自動車関係諸税の軽減措置等がこれに相当するであろう．これによって，環境負荷の大きい自動車から小さい自動車の利用への代替が促され，1台あたりの環境負荷物質排出量の削減が期待されることになる．[7]

本節ではまず，政府によるこのような補助金の導入の効果について検討しよう．そこで，政府は各個人の自発的な環境保全行動への支出額に対して補助率 $m$ で補助金を支給するものとする．このとき，個人 $i$ の税金 $T_i$ は，(4)から(4′)に書き換えられる．

$$T_i = \tau Y_i - mpg_i. \tag{4′}$$

これまでと同様に，同質的個人からなる経済を想定すると，(8-1), (8-2), (8-3)式はそれぞれ次式に書き換えられる．

$$E = f(\gamma + \beta q, q, I'), \tag{8-1'}$$

$$E = e_0 + (\gamma + \beta q)ng + \delta G - \beta(1-\tau)nY, \tag{8-2'}$$

$$C(G) + mpng = \tau nY. \tag{8-3'}$$

ここで, $I' = [\gamma - (n-1)\beta q](1-\tau)Y + q(n-1)(\gamma + \beta q)g + q\delta G + qe_0$, $q = (1-m)p$ である. また, 各個人の間接効用関数も次式で表される.

$$v = v(\gamma + \beta q, q, I').$$

上記の設定の下で, 各個人の自発的な環境保全行動に対する補助金の導入が環境の質及び経済厚生に及ぼす効果を分析する. そのためにまず, 補助金の導入が個人の自発的貢献 $g$ 及び政府の環境保全対策 $G$ に与える効果を検討しよう. 所得税率 $\tau$ を一定として, (8-1'), (8-2'), (8-3')式をそれぞれ $g, G, m$ で全微分して整理し, $m=0$ で評価すると, それぞれ次式が得られる.[8]

$$\frac{dg}{dm} = \frac{[(\beta n(1-f_I p) + f_I(\gamma + \beta p))pg + \gamma s_x]C'(G) + p\delta ng(1-f_I p)}{\Delta C'(G)} > 0, \tag{16}$$

$$\frac{dG}{dm} = -\frac{png(\gamma + \beta p)[1 + (n-1)(1-f_I p)]}{\Delta C'(G)} < 0. \tag{17}$$

これより, 補助金の導入は個人の自発的貢献を増加させる一方, 政府の環境保全対策の水準を減少させることになる.

次に, 補助金の導入による環境の質 $E$ に対する効果は, (8-2')式を $m$ で微分して(16), (17)を代入し, $m=0$ で評価すると,

$$\frac{dE}{dm} = \frac{n}{\Delta C'(G)}(\gamma + \beta p)[f_I pg(\gamma C'(G) - \delta p) + \gamma s_x C'(G)], \tag{18}$$

で示される. 政府の環境保全対策 $G$ が(15)を満たす水準 $G^*$ であるとき, (18)における右辺の括弧内の第1項目はゼロとなり, また $s_x > 0$ であることから, $dE/dm > 0$ となる. さらに, 補助金の導入による経済厚生への効果は, 間接効用関数を $m$ で微分し, ロワの恒等式, $x = -v_x/v_I, E = -v_E/v_I$ 及び(16), (17)を用いて, $m=0$ で評価すると,

$$\frac{dv}{dm} = \frac{v_I p}{\Delta C'(G)}(\gamma + \beta p)[ng(\gamma C'(G) - \delta p) + \gamma s_x(n-1)C'(G)], \tag{19}$$

で表される．これより，⒅と同様に，$G=G^*$であるとき，⒆式の符号は正になる．

したがって，政府の環境保全対策が経済厚生を最大にする水準に設定されているとき，補助金の導入は環境の質及び経済厚生をさらに増加させることがわかる．ここで，政府による補助金の導入は個人の自発的な環境保全行動を促す一方，政府の環境保全サービスを減少させる．前者は環境の質及び経済厚生に正の効果をもたらし，後者は負の影響をもたらすことになる．$G=G^*$の水準では，前者の効果が後者の効果を上回るため，結局，環境の質や経済厚生は増加することになる．しかし，⒅，⒆より，政府の環境保全対策が過小な水準にあるとき，すなわち$G<G^*$の場合には，$dE/dm<0$, $dv/dm<0$となる可能性がある．したがって，例えば，地方自治体の財源が不足し，環境保全対策のための支出が十分に確保されない状態では，住民による自発的な環境保全行動への補助金の導入は，かえってその地域の環境の質や厚生を減少させるかもしれない．

### 5.2 課徴金の導入

補助金の導入と同様に，政府の環境保全対策が$G^*$の水準であるとき，環境の質をさらに改善させるもう1つの政策手段として，課徴金の導入が考えられる．ここでは，政府が個人の環境を悪化させる行動に対して，税率$\theta$で経済的負担を課すものとしよう．このとき，個人$i$の税金$T_i$は，⑷より，

$$T_i = \theta x_i + \tau Y_i, \tag{4″}$$

に書き換えられる．[9]このような課徴金の例としては，ゴミの有料化がこれに相当するであろう．実際に，わが国におけるいくつかの市町村では，すでにゴミの収集に関して手数料制が導入されている．[10]また，先の補助金の導入とは逆に，環境負荷物質の排出量が相対的に大きい自動車に対して，従来よりさらに重い税負担を課すことも考えられよう．

(4″)で示される課徴金を考慮して，再び同質的個人からなる経済を想定すると，(8-1), (8-2), (8-3)式はそれぞれ次式になる．

$$E = f(\gamma(1+\theta) + \beta p, p, I''), \qquad (8\text{-}1'')$$

$$E = e_0 + [\gamma + \frac{\beta p}{(1+\theta)}]ng + \delta G - \frac{\beta(1-\tau)nY}{(1+\theta)}, \qquad (8\text{-}2'')$$

$$C(G) - \frac{(\theta+\tau)nY}{(1+\theta)} + \frac{\theta png}{(1+\theta)} = 0. \qquad (8\text{-}3'')$$

ここで，$I'' = [\gamma - (n-1)\beta p/(1+\theta)](1-\tau)Y + p(n-1)(\gamma + \beta p/(1+\theta))g + p\delta G + pe_0$ である．また，間接効用関数も次式になる．

$$v = v(\gamma(1+\theta) + \beta p, p, I'').$$

そこで，補助金の場合と同様に，課徴金の導入が環境の質及び経済厚生に及ぼす効果を分析しよう．所得税率 $\tau$ を一定として，(8-1″)，(8-2″)，(8-3″)式をそれぞれ $g, G, \theta$ で全微分して整理し，$\theta = 0$ で評価すると，まず，課徴金の導入による $g$ 及び $G$ の水準に対する効果はそれぞれ，

$$\frac{dg}{d\theta} = -\frac{[\beta nx(1-f_I p) + f_I x(\gamma + \beta p) - \gamma s_x]C'(G) + \delta nx(1-f_I p)}{\Delta C'(G)}, \qquad (20)$$

$$\frac{dG}{d\theta} = \frac{nx(\gamma + \beta p)[n(1-f_I p) + f_I p]}{\Delta C'(G)} > 0, \qquad (21)$$

で表される．(20)式より，もし課徴金の導入による環境保全行動への代替効果が大きくないならば，$dg/d\theta$ の符号は負になることがわかる．すなわち，課徴金の導入は個人の自発的な環境保全行動を抑制する可能性があることがわかる．一方，(21)式より，課徴金の導入は政府の税収を増加させることから，政府の環境保全対策 $G$ を増加させることになる．

次に，課徴金の導入による環境の質及び経済厚生への効果は，補助金の導入の場合と同様の手続きで，(8-2″)及び間接効用関数をそれぞれ $\theta$ で微分し，(20)，(21)を代入して，$\theta = 0$ で評価すると，それぞれ，

$$\frac{dE}{d\theta} = \frac{n}{\Delta C'(G)}(\gamma + \beta p)[f_I x(\delta p - \gamma C'(G)) + \gamma s_x C'(G)], \qquad (22)$$

$$\frac{dv}{d\theta} = \frac{v_I}{\Delta C'(G)}(\gamma + \beta p)[nx(\delta p - \gamma C'(G)) + \gamma p s_x(n-1)C'(G)], \qquad (23)$$

表2　補助金・課徴金の導入による効果

| $G$ の水準 | 補助金の導入 環境の質 | 補助金の導入 経済厚生 | 課徴金の導入 環境の質 | 課徴金の導入 経済厚生 |
| --- | --- | --- | --- | --- |
| $G>G^*$ | ＋ | ＋ | ＋, 0, － | ＋, 0, － |
| $G=G^*$ | ＋ | ＋ | ＋ | ＋ |
| $G<G^*$ | ＋, 0, － | ＋, 0, － | ＋ | ＋ |

注：＋は増加，－は減少，0はゼロの効果を表す．

で表される．これより，$G=G^*$であるとき，$dE/d\theta>0$，$dv/d\theta>0$になる．したがって，政府の環境保全サービスが経済厚生を最大化するように設定されているとき，課徴金の導入は補助金の導入と同じように環境の質及び経済厚生をさらに増加させることになる．この場合，課徴金の導入は個人の環境保全行動を抑える可能性をもつものの，環境への負荷をもたらす行動自体を抑制し，政府の環境保全サービスを増加させることによって，このような結果が生じることになる．また，ここで補助金の導入と異なる点は，(22)，(23)より，$G>G^*$であるような場合にのみ，課徴金の導入が環境の質及び経済厚生を減少させる可能性をもつことである．補助金の導入と課徴金の導入による分析結果は，表2に要約されている．

最後に，本節では，補助金の導入と課徴金の導入の効果がそれぞれ別々に検討されたが，補助金と課徴金の導入を同時に行うことも考えられる．例えば，低環境負荷型の自動車に係る自動車関係諸税に軽減措置を実施する一方で，環境負荷物質の排出量が相対的に大きい自動車の税負担を従来より重くすることも可能である．これまでの結果から，政府の環境保全対策が$G=G^*$であるときには，補助金と課徴金の同時の導入は環境の質及び経済厚生を増加させることになる．また，このときには，補助金の導入と課徴金の導入を個別に行うよりも，それらを同時に行う方が環境の質及び経済厚生への正の効果は大きくなることが確かめられる．[11]

## 6. おわりに

本章では，日常生活において発生する環境負荷による環境問題を取り上げ，民間における環境保全行動と政府の施策を理論モデルを用いて分析した．そこで，モデル分析で得られた結果を要約するとともに，その政策的意味について述べておくことにしよう．まず，民間における自発的な環境保全行動が活発化すれば，それは環境問題への解決に寄与することが示された．しかし，そのためには，各個人がさまざまな環境保全行動を容易に実施できる仕組みが社会的に整備されていることが不可欠であり，このことは今後，民間と行政が協力して取り組むべき課題であろう．またそれと同時に，行政としては環境保全に関する情報の収集と提供，普及啓発活動，環境教育・環境学習等の施策を通じて，生活者である個人の環境保全への意識を高めていくことも必要であろう．

次に，政府がゴミ処理サービス等，環境保全に対するサービス水準を増加させても，それらは個人の自発的な環境保全行動を抑制し，政府による環境改善の効果は部分的であるにせよ，相殺される可能性があることが示された．さらに，経済厚生を最大にするという意味で政府による環境保全サービスの最適な水準が導かれた．これより，環境保全サービスがこの水準に達すると，政府の環境保全対策にはもはや限界が生じることになる．分析から明らかなように，そのような最適な水準は，政府による環境保全対策に対して，民間における環境保全行動が環境改善に相対的にどの程度寄与しうるか（すなわち，$\delta$, $p$ 及び $\gamma$ の値）に依存しているといえる．

そこで最後に，各個人が環境保全に適合した行動をとることを促すための政府による補助金と課徴金の導入の効果が検討された．分析の結果から，もし政府の環境保全対策がとりわけ上記の最適な水準で実施されているならば，補助金や課徴金の導入は環境を改善して経済厚生をさらに増加させる効果をもつことになる．しかし，ここで，補助金や課徴金の導入が実施されても，すでに述べたように，各個人が自発的な環境保全行動をとりうる十分な手段がなけれ

ば，それらはあまり意味をもたなくなるであろう．したがって，そのような条件が整えば，補助金や課徴金のような制度の活用は，環境問題の解決に有効な手段になりうると考えられる．

ところで，本章の分析では補助金と課徴金の導入の効果が検討されたが，さらに補助率や課徴金率がそれぞれどのような水準に設定されるかについても検討されるべきであろう．経済厚生を最大にするような最適な補助率や課徴金率の導出に関する詳細な分析については，今後の課題としたい．

## 注

* 本稿の作成に際して，田中廣滋教授より有益なコメントを頂いた．記して感謝いたします．
1) ゴミ処理や自動車に起因する大気汚染の問題に関する現状や課題については，『環境白書』（平成11年版）を参照のこと．
2) 本節のモデルは，Bergstrom, Blume and Varian (1986), Cornes and Sandler (1996) 等による公共財の私的供給モデルを個人の環境保全行動の分析に適用している．この公共財の私的供給モデルは，個人による公共部門への寄付行為の他，さまざまな分野の分析に用いられている．例えば，全国レベルでの公共財を自発的に供給しあう地方政府の分析として，Boadway, Pestieau and Wildasin (1989)，各国政府による国際公共財の供給の分析として，Buchholz and Konrad (1995), Ihori (1996) 等が挙げられる．
3) 本章の分析では，ナッシュ均衡において個人が自発的な環境保全行動を実行しない，すなわち $g=0$ となるケースを捨象する．公共財の私的供給においては，このような端点解となる場合の分析が，Bergstrom, Blume and Varian (1986) で行われている．
4) 2階の条件については，$G=G^*$ の下でそれぞれ，$C''(G)>0$ より，

$$\frac{d^2E}{dG^2}=-\frac{f_I\gamma}{\Delta}(\gamma+\beta p)C''(G)<0,$$

$$\frac{d^2v}{dG^2}=-\frac{v_I\gamma}{\Delta}(\gamma+\beta p)C''(G)<0,$$

であることが確かめられる．
5) 個人の予算制約式(3)及び(12)式を用いると，次式が得られる．

$$\frac{dx}{dG}=\frac{1}{\Delta}(1-f_I p)(\delta p-\gamma C'(G)).$$

これより，$G=G^*$であるとき，(15)が成立することから，$dx/dG=0$であることがわかる．$G=G^*$の下で，政府による環境保全サービスの供給の増加が環境の質や経済厚生に対して中立的であるという結果は，公共財の私的供給の分析で，Bergstrom, Blume and Varian (1986) によって示された中立性の定理に相当する．

6) 本章のモデルでは，政府による環境保全サービスの水準が先に決定されていることを仮定して，個人による自発的な環境保全行動を分析している．しかし，政府による環境保全サービスの水準を議論する際には，そのような仮定を除いて，民間における環境保全行動に対する政府の反応をも考慮したモデルの構築が考えられうる．この点については，今後改善の余地があると思われる．

7) わが国における環境政策からの自動車関係税制の活用については，その最近の検討結果が，自動車環境税制研究会 (1999) において報告されている．

8) (8′)式を $g, G, m$ で全微分して整理し，$m=0$ で評価すると，次式が得られる．

$$\begin{pmatrix} (\gamma+\beta p)[n-f_I(n-1)p], & \delta(1-f_Ip) \\ 0, & C'(G) \end{pmatrix} \begin{pmatrix} dg \\ dG \end{pmatrix} = \begin{pmatrix} \beta npg(1-f_Ip)+\gamma s_x+f_Ip(\gamma+\beta p) \\ -npg \end{pmatrix} dm$$

ここで，上式の右辺の導出には，スルツキー方程式の代替項の性質，$(\gamma+\beta p)s_x+ps_E=0$が用いられている．これより，(16)，(17)が導かれる．

9) 個人 $i$ の税金 $T_i$ について，$T_i=\theta\beta x_i+\tau Y_i$ と定式化しても，以下での分析の結果は変わらないことが示される．

10) わが国の市町村におけるゴミ有料化の具体的事例については，植田 (1997) を参照のこと．

11) 補助金と課徴金の導入を同時に行う場合の環境の質及び経済厚生に及ぼす効果については，(18)，(22)と(19)，(23)式をそれぞれ用いて，$m=\theta=0$で評価すると，

$$\frac{dE}{dm}+\frac{dE}{d\theta}=\frac{n(\gamma+\beta p)[(\gamma C'(G)-\delta p)(pg-x)f_I+2\gamma s_x C'(G)]}{\Delta C'(G)},$$

$$\frac{dv}{dm}+\frac{dv}{d\theta}=\frac{v_I(\gamma+\beta p)[(\gamma C'(G)-\delta p)(pg-x)n+2\gamma ps_x(n-1)C'(G)]}{\Delta C'(G)},$$

が得られる．$G=G^*$であるとき，(15)が成立することから，上の各式における右辺の括弧内の第1項はゼロとなり，$dE/dm+dE/d\theta>0$，$dv/dm+dv/d\theta>0$であることがわかる．したがって，$G=G^*$の下で，補助金と課徴金との同時の導入は環境の質及び経済厚生を増加させる．さらに，$G=G^*$の下では，上の各式をそれぞれ(18)，(22)及び(19)，(23)式と比較することによって，以下の結

果が得られる.
$dE/dm + dE/d\theta > dE/dm, dE/d\theta$,
$dv/dm + dv/d\theta > dv/dm, dv/d\theta$.
すなわち,$G=G^*$の下で,補助金と課徴金を別々に導入するよりも,同時に導入した方が環境の質及び経済厚生への正の効果は大きくなることがわかる.

## 参 考 文 献

Cornes, R. and T.Sandler (1996), *The Theory of Externalities, Public Goods and Club Goods*, second edition, Cambridge University Press.

Bergstrom, T., Blume, L. and H. Varian (1986), "On the Private Provision of Public Goods", *Journal of Public Economics*, Vol.29, pp.25–49.

Boadway, R., Pestieau, P. and D. Wildasin (1989), "Tax-Transfer Policies and the Voluntary Provision of Public Goods", *Journal of Public Economics*, Vol.39, pp.157–176.

Buchholz, W. and K. A. Konrad (1995), "Strategic Transfers and Private Provision of Public Goods", *Journal of Public Economics*, Vol.57, pp.489–505.

Ihori, T. (1996), "International Public Goods and Contribution Productivity Differentials", *Journal of Public Economics*, Vol.61, pp.139–154.

植田和弘(1997),「ごみ有料化」,植田和弘・岡敏弘・新澤秀則編著『環境政策の経済学 理論と現実』日本評論社,217-228頁.

環境庁編(1999),『環境白書』(平成11年版),大蔵省印刷局.

自動車環境税制研究会(1999),『自動車環境税制研究会報告書』環境庁.

# 第 4 章

# 越境汚染問題と公共交通の整備

## 1. はじめに

　交通に関する議論の主要な論点は近年,大きな変化を見せている.かつて,交通の問題は道路や鉄道等の交通基盤の整備と運営に力点を置いていた.具体的には,交通基盤をいかに整備していくかという財源の問題や交通機関間の競争条件の平等化,さらには赤字の場合の補助の問題等が主要な論点であった.また,都市における混雑に対する対策として,交通の効率的利用の観点から議論が行われてきた.

　近年になって,交通問題の議論の中にグローバリゼーション,規制緩和,福祉的な面に配慮した交通政策等と並び,新たに大きな課題が注目されるようになってきた.それは,資源エネルギーと環境の側面からの交通の在り方についての議論である.特に環境問題における交通の係わりは大きく,道路交通の増大による大気汚染問題は深刻化しつつある.とりわけ交通渋滞の激しい地域で問題は深刻であり,ロサンゼルス地域のスモッグや東京の環状8号線の上空に生じる環八雲などはその典型的な事例と考えられている.このように,交通渋滞等により大量に排出される大気汚染物質が酸性雨の原因となることはよく知られていることである.

酸性雨の問題に関しては欧州諸国の事例がしばしば取り上げられるが，わが国でも比較的古くから存在している．わが国の酸性雨の最初の被害は栃木県・足尾製錬所によるもので，1883年頃から養蚕への被害が現れ，桑葉や松林を枯らし，土壌を一般の植物の生育に適さない酸性の土に変えるような大きな被害を出した．その後も別子銅山の新居浜製錬所，群馬県安中製錬所でも同様の被害が生じた．[1] 第二次世界大戦後の代表的な事例としては，四日市公害問題が挙げられる．四日市石油コンビナートは1958年に操業を開始したが，当初から酸性雨の被害が発生し，水稲その他の植物に影響を及ぼした．

このように，酸性雨による被害の事例は長きにわたり多数見られるが，酸性雨の問題を考える際に，特に注意を要する重要な問題がある．酸性雨の原因となる大気汚染物質は風に乗って地域や国境を越えて輸送される，ということである．地球を取り巻く大気はジェット気流や偏西風の影響で循環しており，大気中に排出された大気汚染物質は風に乗って広範囲に拡散・輸送されることになる．たとえば，前述の別子銅山では，新居浜製錬所で酸性雨の被害が問題となった後，新居浜から40キロ離れた四阪島へ製錬工場を移転したが，四阪島で排出された硫黄酸化物や窒素酸化物，粉塵が風に乗って海上を移動し，四国沿岸に酸性霧・酸性雨による多大なる被害を及ぼした．[2] また，関東平野北西部は東京湾沿岸で排出される汚染物質が風によって輸送される道筋となっているが，その地域で早くから杉が枯れる被害が生じてきた．したがって，このような越境汚染問題に対処するためには，地域間や国際的な協力が不可欠であり，欧米では1979年に，締約国の汚染物質を監視・削減とそのための協力を目的とする「長距離越境大気汚染条約」（通称ジュネーブ条約）が採択されている．

大気汚染と酸性雨に関しては，わが国も法律等の整備を進め，問題解決に努めてきたが，近年，新たな問題が生じている．すなわち，酸性雨中に含まれる汚染物質に変化が生じてきている．かつては石油コンビナートや火力発電所などの工場等の発生源から出る硫黄酸化物を主とする酸性雨が多かったが，近年では，自動車の排気ガスの窒素酸化物が酸性雨中に含まれる割合が高まってきている．これは，大気汚染防止法等により企業等に対する規制が行われている

のに対し，自動車の利用やディーゼル車に対する規制が甘いことに起因するものと考えられる．自動車の排気ガスによる大気汚染問題に関しては，各自動車メーカーが低公害車の開発に注力しているが，技術的な面だけでなく費用面もネックとなっており，広範な実用化は当面，困難であろう．したがって，この問題に対する方策として自動車の利用そのものを減少させることが望まれている．その際に鍵を握るのが自家用自動車に代わる代替交通手段，すなわち公共交通の整備・拡充である．[3]

本章は，公共交通の拡充による自動車利用の減少と越境環境汚染問題に焦点を当てている．本稿では，Silva（1997）のモデルに基づき，越境汚染と公共交通の整備についての分析を行っている．Silva は，Myers（1990）や Wellisch（1994）で展開された分権的社会における地方公共財のモデルを川上・川下間の越境汚染の問題に適用したものである．そこでは，河川の上流地域と下流地域が想定され，上流地域は自らの地域の排出する汚染の影響を受けず，汚染の影響は下流地域でのみ生ずることを仮定し，上流地域の行う汚染削減努力および下流地域に対する所得移転を人口流入抑制政策として考察している．本章でも河川と大気の循環の違いこそあれ，類似した仮定をおくことになる．Silvaと同様に，風上に位置する地域においては風下に位置する地域の排出する大気汚染物質が流入せず，風下の地域の大気汚染物質排出量は風上の地域の環境に何ら影響を与えない，ということが仮定される．しかしながら，風上の地域の居住者も自らの地域で排出される汚染物質にもとづく酸性雨の被害を受ける，という点で Silva のモデルと異なっている．また，Silva では消費活動によって汚染が生じた後に汚染の削減努力を行うという形をとっているが，本章のモデルでは，公共交通を整備することによって大気汚染物質を排出する自動車利用そのものを減少させ，大気汚染が発生する前の段階で汚染物質の削減，すなわち大気汚染の防止を行い，事後的な浄化のための努力は一切行われないものとしている．当然のことながら，風下の地域における公共交通の整備は風上の地域における大気汚染に対して何ら影響力を持っていない．なお，大気汚染物質の削減のために供給された公共交通は私的交通手段である自家用自動車の代替

物と考えられ，本章のモデルでは代表的な居住者の効用関数の中にも組み込まれることになる．したがって，本章のモデルでは，効用関数の中に公共交通と汚染による被害という2種類の公共財的な性格を有する財が組み込まれている．

本章の構成は次のとおりである．次節においてモデルの基本部分が説明される．3節では，両地域を合わせた社会全体の効率性の条件が導かれ，その後，4節において各地方政府の行動の分析が行われる．5節はそれまでの議論を踏まえた総括的な結論となっている．

## 2．モデルの枠組み

いま，2つの地域から成る連邦国家を想定する．それぞれの地域には地方政府があり，それらを統括する中央政府が存在する．偏西風の影響等の地理的要因により，一方の地域は風上に位置し，他方の地域が風下にあたる．風上の地域を地域1，風下の地域を地域2とおくことにしよう．これらの地域は地理的要因等から他の地域とは隔絶されており，人口や生産物の移動に関して閉鎖的な状態にあるとしよう．それぞれの地域には$n_i$人($i=1, 2$)の居住者が生活しており，自ら選択した地域内でのみ，消費活動や自家用自動車もしくは公共交通機関による移動といった活動を行っているものとする．両地域の居住者数の合計は，

$$N = n_1 + n_2 \tag{1}$$

で表される．ここで，$N$は一定であると仮定する．なお，連邦に居住する各居住者は同質であり，それぞれの地域における代表的な居住者は私的消費財を$x_i(i=1, 2)$だけ消費している．ここで，消費財$x$の価格は1に標準化されているものとする．また，それぞれの地域における代表的な居住者の効用関数は

$$U^i(x_i, v_i, z_i, n_i, D_i), \quad i = 1, 2$$

という形で示される．ここで，$v_i$は自家用自動車の利用量，$z_i$は公共交通の利用量を表している．また，$D_i$は各地域における大気汚染による酸性雨の影響，すなわち酸性雨が当該地域にもたらす被害を表すものとする．すなわち，

各地域の居住者の効用は，私的消費財の消費量，自家用自動車の利用量，公共交通の利用量，地域内の居住者数すなわち混雑の水準，および酸性雨による被害の関数として表される．なお，$U^i(\cdot)$は，$x_i, v_i$および$z_i$に関する増加関数であり，$n_i$および$D_i$に関する減少関数であると考える．また，$D_i$は自家用自動車の利用量に依存するが，各居住者の自家用自動車の利用量は居住者の行うトリップ数$y_i$と公共交通の利用量によって，

$$v_i = y_i - z_i, \ i = 1, 2$$

という形で決まるものとする．[4)] 各居住者はトリップを行う際にできるだけ公共交通を利用し，満たない分を自家用自動車を利用することによって補うものと仮定される．そこで，各地域において生ずる大気汚染物質の量とそれに起因する酸性雨による被害は当該地域の自動車利用量に等しいものとし，各地域における酸性雨の被害をそれぞれ次のように定義しよう．

$$D_1 = n_1 v_1 = n_1(y_1 - z_1)$$
$$D_2 = \alpha n_1 v_1 + n_2 v_2 = \alpha n_1(y_1 - z_1) + n_2(y_2 - z_2)$$

ここで，地域1の酸性雨による被害は自らの地域の自家用自動車の利用量の総計に等しく，地域2では自らの地域における自家用自動車の利用量と，地域1における自家用自動車の利用量の$\alpha$倍とを加えただけの被害を受けることになる．すなわち，風上にあたる地域1における自動車利用に伴って排出される大気汚染物質は風下の地域2にまで拡がり，両地域の住民に対しても一定の比率で影響を及ぼすが，風下地域2において排出される大気汚染物質は風下地域内においてのみ影響が出ることになる．ただし，越境汚染の被害の及ぶ程度については，$0 < \alpha \leq 1$と仮定する．[5)] なお，ここでは，公共交通からは大気汚染物質が排出されないものとする．[6)]

いま，2つの地域の間の居住者の移動が自由であるとすれば，各居住者は自らの効用が最大となるように居住地の選択を行う．居住者の地域間の移動は両地域において得られる効用の水準が等しくなるまで続くであろう．すなわち，

$$U^1(x_1, v_1, z_1, n_1, D_1) = U^2(x_2, v_2, z_2, n_2, D_2) \tag{2}$$

となったとき，居住者の居住地選択のための移動が停止する．したがって，(2)

式は，ここで想定した2地域モデルにおいて必ず満たされねばならない居住均衡条件である．

各居住者は自らの居住地域内で利用可能な1単位の労働力を所有していると仮定する．各地域における生産関数は，$F^i(n_i, \overline{E}_i)$, $(i=1, 2)$で表される．ここで，$\overline{E}_i$は地域において賦存量一定の投入要素である土地を表している．また，私的消費財と公共交通の限界変形率が$q$であると仮定し，また，私的消費財$x$で測った自家用自動車の利用の限界費用は$p$で一定であるとしよう．このとき，社会全体の実行可能性の制約は，

$$F^1(n_1, \overline{E}_1) + E^2(n_2, \overline{E}_2) - n_1(x_1 + pv_1) - n_2(x_2 + pv_2) qz_1 - qz_2 = 0 \quad (3)$$

で与えられる．

## 3．社会的効率性の条件

本章における分析のモデルの基本的な枠組みが前節で定式化された．本節では，連邦全体における効率性のための条件の導出を試みよう．連邦全体で考えるので，ここでは各地域の地方政府ではなく中央政府が政策の主体となる．まず，慈善的な中央政府を想定しよう．地域間の移住の均衡のための制約式(2)と連邦の資源制約にあたる(3)式の制約の下で，地域1の代表的な居住者の効用を最大化するように $\{x_i, y_i, z_i, n_i \mid i=1,2\}$ が選択される．この問題は次のように定式化される．

$$\max_{x_i, v_i, z_i, n_i} \text{imize} \; U^1(x_1, v_1, z_1, n_1, D_1)$$

s.t.
$$(1), (2), (3),$$
$$v_i = y_i - z_i$$
$$D_1 = n_1(y_1 - z_1),$$
$$D_2 = a\, n_1(y_1 - z_1) + n_2(y_2 - z_2),$$
$$x_i \geq 0,\; y_i \geq z_i \geq 0,\; n_i \geq 0,\; i = 1, 2$$

この問題に対する1階の条件を求めることにより，効率的な配分が満たすべき以下の条件が導かれる．すなわち，社会的に効率的な配分のための条件は，

(1)式から(3)式，および

$$\frac{U_v^1}{U_x^1}=p-n_1\frac{U_D^1}{U_x^1}-\alpha\, n_2\frac{U_D^2}{U_x^2} \tag{4}$$

$$\frac{U_v^2}{U_x^2}=p-n_2\frac{U_D^2}{U_x^2} \tag{5}$$

$$-n_1\frac{U_D^1}{U_x^1}=\frac{q}{n_1}-p+\alpha\, n_2\frac{U_D^2}{U_x^2} \tag{6}$$

$$-n_2\frac{U_D^2}{U_x^2}=\frac{q}{n_2}-p \tag{7}$$

$$F_n^1-(x_1+pv_1)+\frac{n_1[U_n^1+v_1\cdot U_D^1]}{U_x^1}=F_n^2-(x_2+pv_2)+\frac{n_2[U_n^2+(v_2-\alpha v_1)U_D^2]}{U_x^2} \tag{8}$$

で与えられる．

(4)式と(5)式は，自家用自動車の利用と私的消費財の限界代替率が1トリップ当りの単位費用と社会的な限界被害の合計，すなわち社会的限界費用に等しいことを示している．自家用自動車によるトリップを行うに際して，各居住者は大気汚染物質の排出によって社会に与える損失分を負担していないことは明らかなので，大気汚染物質の排出に対する課税を行うことで，社会はその損失分（被害）の埋め合わせが可能となる．

(6)式および(7)式は，公共交通の整備によって免れることができる社会的な被害に関する条件式となっている．すなわち，公共交通の整備によって免れることができる社会的な被害が，公共交通によるトリップの1人あたり限界費用と自家用自動車によるトリップの費用の差額に等しくなることが要求される．なお，(4)式から(7)式および自家用自動車と公共交通の代替関係を考慮することにより，各地域における公共交通の整備についてのサムエルソンの条件

$$n_i\frac{U_z^i}{U_x^i}=q,\ i=1,2$$

が導かれる．

(1)式および(8)式は地域間の最適な人口分布に関する条件式となっている．た

とえば地域2から地域1への人口移動がある場合，(8)式の左辺は地域1における人口増加の純便益を表している．地域1では，人口の増加に伴い生産量が増大する．しかしながら，同時に私的消費財の消費と自家用自動車の利用の総量も増大し，さらに混雑による外部効果（混雑費用）$n_1 \frac{U_n^1}{U_x^1}$と自家用自動車の利用に伴う大気汚染に関する外部効果$n_1 v_1 \frac{U_D^1}{U_x^1}$も増大する．他方，右辺は地域2の人口減少による純便益を表している．人口の減少によって地域の生産量は減少するが，私的消費財の消費量と自家用自動車の利用量の総量も減少する．また，混雑が緩和され，地域2の居住者の自家用自動車の利用による大気汚染に関する外部効果も減少するが，地域2における大気汚染に関する外部効果自体の増減は不定であり，各地域におけるそれぞれの居住者の自家用自動車の利用量と$\alpha$に依存して決定される．

## 4．地方政府の行動

　本節では，中央政府の介入がない状況における地方政府の行動を検討しよう．本節で導かれる地方政府の行動についてのナッシュ均衡の条件と前節で導出されたパレート最適のための条件を比較し，分権的な地方政府の行動が社会的効率を達成しうるか，ということを考察していく．

　地域の構成や技術，選好等，モデルの基本部分は上述のとおりであるが，以下のような若干の追加的な仮定をおくことにする．まず，各地域において完全競争下で私的消費財の生産活動が行われている．したがって生産者の利潤はゼロであり，生産に用いられる労働の賃金は労働の限界生産物に等しい．また，各居住者は労働力のほかに連邦内の土地を均等に保有するものとする．

　これまでと同様，風上にあたる地域1の大気汚染によって地域2における酸性雨の被害が拡大している状況を想定しよう．この場合，地方政府がとるべき措置として2通りの地域間の所得移転が考えられる．1つは，地域1が地域2に対して行う所得移転である．自地域の大気汚染によって被害をおよぼすことに対する補償や地域間の平等化，人口流入抑制等，さまざまな目的による所得

移転が考えられる．もう1つは，地域2が地域1に対して行う所得移転である．これは，たとえば，地域1からの越境汚染の削減のための所得移転であり，地域1における公共交通の拡充を意図したものである．ここでは，地域 $i$ が地域 $j$ に対して行う所得移転を $\tau_{ij}$ で表すことにする．

したがって，各地域の実行可能性の制約式は，

$$F^i(n_i, \overline{E}_i) - n_i(x_i + pv_i) - qz_i - (\tau_{ij} - \tau_{ji}) = 0 \tag{9}$$

で表される．(9)式において $(\tau_{ij} - \tau_{ji})$ は地域 $i$ から地域 $j$ への所得の純移転を表しており，$\tau_{ij}, \tau_{ji}$ はともに非負である．

(9)式を $x_i$ について解き，(2)式に代入すると，

$$U^1\left(\frac{F^1(n_1, \overline{E}_1) - qz_1 - (\tau_{12} - \tau_{21})}{n_1} - pv_1, v_1, z_1, n_1, D_1\right)$$

$$= U^2\left(\frac{F^2(n_2, \overline{E}_2) - qz_2 - (\tau_{21} - \tau_{12})}{n_2} - pv_2, v_2, z_2, n_2, D_2\right) \tag{10}$$

が導かれる．連邦の総人口は一定であり，$v_i = y_i - z_i (i = 1, 2)$ なので，(10)式より，$n_1$ を

$$n_1 = n_1(y_1, y_2, z_1, z_2, \tau_{12}, \tau_{21}) \tag{11}$$

という $y_i, z_i, \tau_{ij}$ に関する陰関数の形で表すことができる．

それぞれの地方政府は他地域の地方政府の行動を所与として，自らの地域の居住者の効用を最大化しようとする．したがって，ここでの最大化問題は次のように定式化される．

$$\underset{y_i, z_i, \tau_{ij}}{maximize} \quad U^i\left(\frac{F^1(n_i, \overline{E}_i) - qz_i - (\tau_{ij} - \tau_{ji})}{n_i} - pv_i, v_i, z_i, n_i, D_i\right)$$

s.t.
(11),
$v_i = y_i - z_i,$
$D_1 = n_1(y_1 - z_1),$
$D_2 = \alpha n_1(y_1 - z_1) + n_2(y_2 - z_2),$
$x_i \geq 0, y_i \geq z_i \geq 0, \tau_{ij} \geq 0, \tau_{ji} \geq 0 \quad i = 1, 2, \quad j = 2, 1$

この問題における1階の条件を求めると，(12)式から(17)式のようになる．

$$y_1 \geq 0, \quad -U_x^1 \left[ p - n_1 \frac{U_D^1}{U_x^1} - \frac{U_v^1}{U_x^1} - \frac{1}{n_1} \cdot \psi_1 \frac{\partial n_1}{\partial y_1} \right] \leq 0,$$

$$y_1 \cdot U_x^1 \left[ p - n_1 \frac{U_D^1}{U_x^1} - \frac{U_v^1}{U_x^1} - \frac{1}{n_1} \cdot \psi_1 \frac{\partial n_1}{\partial y_1} \right] = 0 \qquad (12)$$

$$y_2 \geq 0, \quad -U_x^2 \left[ p - n_2 \frac{U_D^2}{U_x^2} - \frac{U_v^2}{U_x^2} + \frac{1}{n_2} \cdot \psi_2 \frac{\partial n_1}{\partial y_2} \right] \leq 0,$$

$$y_2 \cdot U_x^2 \left[ p - n_2 \frac{U_D^2}{U_x^2} - \frac{U_v^2}{U_x^2} + \frac{1}{n_2} \cdot \psi_2 \frac{\partial n_1}{\partial y_2} \right] = 0 \qquad (13)$$

$$z_1 \geq 0, \quad U_x^1 \left[ p - \frac{q}{n_1} - n_1 \frac{U_D^1}{U_x^1} + \frac{1}{n_1} \cdot \psi_1 \frac{\partial n_1}{\partial z_1} \right] \leq 0,$$

$$z_1 \cdot U_x^1 \left[ p - \frac{q}{n_1} - n_1 \frac{U_D^1}{U_x^1} + \frac{1}{n_1} \cdot \psi_1 \frac{\partial n_1}{\partial z_1} \right] = 0 \qquad (14)$$

$$z_2 \geq 0, \quad U_x^2 \left[ p - \frac{q}{n_2} - n_2 \frac{U_D^2}{U_x^2} - \frac{1}{n_2} \cdot \psi_2 \frac{\partial n_1}{\partial z_2} \right] \leq 0$$

$$z_2 \cdot U_x^2 \left[ p - \frac{q}{n_2} - n_2 \frac{U_D^2}{U_x^2} - \frac{1}{n_2} \cdot \psi_2 \frac{\partial n_1}{\partial z_2} \right] = 0 \qquad (15)$$

$$\tau_{12} \geq 0, \quad \frac{U_x^1}{n_1} \left[ \psi_1 \frac{\partial n_1}{\partial \tau_{12}} - 1 \right] \leq 0, \quad \tau_{12} \cdot \frac{U_x^1}{n_1} \left[ \psi_1 \frac{\partial n_1}{\partial \tau_{12}} - 1 \right] = 0 \qquad (16)$$

$$\tau_{21} \geq 0, \quad \frac{U_x^2}{n_2} \left[ -\psi_2 \frac{\partial n_1}{\partial \tau_{21}} - 1 \right] \leq 0, \quad \tau_{21} \cdot \frac{U_x^2}{n_2} \left[ -\psi_2 \frac{\partial n_1}{\partial \tau_{21}} - 1 \right] = 0 \qquad (17)$$

なお、ここで、

$$\psi_1 = F_n^1 - (x_1 + pv_1) + n_1 \frac{[U_n^1 + v_1 U_D^1]}{U_x^1}$$

$$\psi_2 = F_n^2 - (x_2 + pv_2) + n_2 \frac{[U_n^2 + (v_2 - \alpha v_1) U_D^1]}{U_x^2}$$

である。また、

$$\psi = \frac{U_x^1}{n_1} \psi_1 + \frac{U_x^2}{n_2} \psi_2$$

と置けば，各変数の変化に伴う居住者の地域間移動の反応は，それぞれ

$$\frac{\partial n_1}{\partial y_1} = \frac{U_x^1 p - U_v^1 - n_1 U_D^1 + \alpha n_1 U_D^2}{\psi} \tag{18}$$

$$\frac{\partial n_1}{\partial y_2} = \frac{U_x^2 p - U_v^2 - n_2 U_D^2}{\psi} \tag{19}$$

$$\frac{\partial n_1}{\partial z_1} = \frac{U_x^1 \left[\frac{q}{n_1} - p\right] + n_1 (U_D^1 - \alpha U_D^2)}{\psi} \tag{20}$$

$$\frac{\partial n_1}{\partial z_2} = \frac{-U_x^2 \left[\frac{q}{n_2} - p\right] - n_2 U_D^2}{\psi} \tag{21}$$

$$\frac{\partial n_1}{\partial \tau_{12}} = \frac{n_2 U_x^1 + n_1 U_x^2}{n_1 n_2 \psi} \tag{22}$$

$$\frac{\partial n_1}{\partial \tau_{21}} = \frac{-n_2 U_x^1 - n_1 U_x^2}{n_1 n_2 \psi} \tag{23}$$

という形で表される．

$y_i, z_i, \tau_{ij}$ が0でないとすれば，(12)式から(17)式における3番目の式の大括弧内がゼロとなる．このとき，地方政府の行動が社会的効率の条件を満たすためには，

$$\psi_1 = \psi_2 \neq 0 \tag{24}$$

となる必要がある．(24)式の条件が満たされる場合にのみ，(4)式から(8)式の条件がすべて満たされ，分権的な地方政府の行動が社会的効率を達成しうる．各地方政府が地域間での所得移転を自由に行いうる場合に $\psi_1 = \psi_2$ が成立することは，(16)式および(17)式より明らかである．もし $\psi_i = 0$ のという状態を考えるとするならば，大気汚染の他地域への影響がゼロ，すなわち $\alpha = 0$ であるか，地域が1つしか存在しない場合に，地方政府の行動が効率的となる．しかしながら，本章のモデルでは，2つの地域と地域間の越境汚染が存在することを仮定しているので，$\psi_i = 0$ のときには社会的効率は達成されえない．結局，地方政府が自らの決定で地域間の所得移転を行うときには，地方政府の行動は効率性の条件を満たし，[7]所得移転を行えない場合には，何らかの理由で(24)式が成

立する場合においてのみ，効率的な行動をとりうる．地域間の所得移転が存在する限り，各地域は社会的効率性の条件である(1)式から(8)式を満たすように，自らの行動を定めることになる．したがって，地域2は，最適な所得移転水準を定める際に自地域の汚染物質排出による被害の特定化のために考慮する以外には，地域1からの大気汚染の影響を考える必要がなく，越境汚染の被害の大きさはむしろ地域1の決定を大きく左右する要因となる．なお，地域間で自発的な所得移転が行えない場合には，(24)式が満たされる保証がないので，中央政府の役割が重要性を増すことになる．

## 5. おわりに

本章では，地域を越える大気汚染の被害が生じる状況下で，地域が公共交通を整備することにより，大気汚染物質の排出を抑制し，酸性雨の被害を減ずることを試みるケースを想定し，社会的に効率的な状況を達成するための条件と地方政府の行動に関して，モデルを用いて分析してきた．2節においてモデルの基本的な枠組みが定式化され，3節では社会的効率性の諸条件が導出された．ここで，社会的に効率的な状態を達成するための条件の1つとして，公共交通の整備によって免れることができる社会的な被害が，公共交通によるトリップの1人当たり限界費用と自家用自動車によるトリップの費用の差額に等しくなる，ということが導かれた．この条件により，地域の人口が少なかったり，公共交通の整備にかかる費用が多大なものであるために，たとえ公共交通を整備するよりも自家用自動車を利用させた方が費用的にはるかに低くなる場合でも，ある程度の公共交通の整備は行われるべきことが示唆される．反対に，自家用自動車を利用するトリップの方が公共交通に比べて費用が高くなる場合には，居住者のトリップはすべて公共交通を利用して行われることになる．このとき，大気汚染問題は存在せず，地域の問題は通常の地方公共財理論のモデルで考察される．4節では，地方政府のナッシュ的な推測に基づく行動の分析が行われた．地方政府の行動が社会的効率を達成するためには，地域間で人口

増加に伴う純便益が等しくなることが重要であり，その際に地域間の所得移転が大きな鍵を握ることになる．地方政府が所得移転を自ら決定できる状況下では，地方政府の行動が3節における効率性の条件を満たしうることがモデルにより示された．

　なお，本章の分析では，地域1，地域2のそれぞれが行う所得移転の大小関係，すなわち地域間の所得の純移転がどちらの地域にとって正値となるか，ということに対して十分な検討が行われていない．換言すれば，風上・風下のいずれの地域から実際に所得が移転されることになるのかについて，モデルの分析からは明らかになっていない．風下に位置する地域2は，風上の地域1で排出された大気汚染物質による酸性雨の被害を被っており，一般的な見地からすれば，地域1が地域2に対して補償の意味で所得移転を行うべきである，と考えられるかもしれない．しかしながら，たとえば，地域2が自らの地域での消費や公共交通の拡充に支出する場合に比べて，地域1で公共交通を拡充した方が酸性雨の被害が小さくなり，自地域の居住者の厚生にとって望ましいと判断される場合には，地域2から地域1への所得の純移転が正となることも考えられ得る．したがって，人口数や選好，資源，自家用自動車による大気汚染物質の排出量と被害の大きさ，越境汚染の被害の程度等，必要とされるさまざまなデータが揃っていない段階では，所得の純移転に関して，これ以上言及することはできない．

　地方分権が確立された社会において，公共交通の整備を完全に地方政府に委ねた場合にも，人口移動や環境面への影響を考慮することにより，地域間の補助が行われ，社会的に最適な状況が達成され得ると考えられる．結局，大気汚染の防止のために，自家用自動車からバス，鉄道等の公共交通へのモーダルシフトを図ることを目的とする公共交通網の整備においては，地方政府の自由裁量による地域間の所得移転（補助）が重要な役割を果たすことになる．また，もし，制度的要因その他により，地方政府が地域間の所得移転を十分に行えない場合には，中央政府によって地域間の調整が行われる必要がある．環境問題が表面化してきた現代においては，公共交通の整備にも広域的な視点がますま

す重要であり,地方分権を進めていく上での大きな課題である.

注

1) 谷山 (1989) 24-27頁.
2) 谷山 (1989) 25頁.
3) 米国においても交通渋滞と大気汚染に関する関心が高まっており,連邦交通法の中で大気質の改善に関する条項が規定されている.現在施行されている連邦交通法 TEA 21 (The Transportation Equity Act for the 21st Century, PL 105-178) では,輸送の改善や交通需要管理,クリーン燃料への転換といった混雑緩和および大気質改善のプログラムに対し,年平均13.5億ドルの予算が計上されている.
4) ここでは,自家用自動車を利用する場合のトリップと公共交通を利用する場合のトリップには差異がなく,したがって,いずれの交通手段を用いた場合でも,トリップによって居住者が得る直接的な効用の大きさは同じであると仮定される.
5) なお,$a=0$のときは,地域2における地域1の大気汚染の影響がまったく存在していないケースである.本稿では,地域1から地域2への越境汚染が存在するケースを取り扱っているので,$0 < a \leq 1$となっている.
6) 鉄道等の公共交通は1度に大量に輸送しうるため,自家用自動車に比べて1トリップ当たりの大気汚染物質の排出は遥かに少量である.したがって,本章では,公共交通を利用するトリップにおける大気汚染物質の排出は考慮していない.
7) この点については Silva (1997) で示唆されたとおりである.

参 考 文 献

畠山武道 (1995),「環境法への道案内」『法学セミナー』11月号,37-42頁.
環境弁護士グループ「ちきゅう」編 (1999),『環境と法律-地球を守ろう-』一橋出版.
交通と環境を考える会編 (1995),『環境を考えたクルマ社会-欧米の交通需要マネジメントの試み-』技報堂出版.
Myers, G. M. (1990), "Optimality, free mobility, and the regional authority in a federation," *Journal of Public Economics* 43, pp.107-121.
Silva, E. C. D. (1997), "Decentralized and efficient control of transboundary pollution in federal systems," *Journal of Environmental Economics and Management* 32, pp.95-108.
Stiglitz, J. E. (1977), "The theory of local public goods," in *The Economics of Public Services* (Feldstein, M. and R. P. Inman, eds.), Macmillan, London.
谷山鉄郎(1989),『恐るべき酸性雨』合同出版.

U. S. Department of Transportation (1998), The Transportation Equity Act for the 21st Century.

Wellisch, D. (1994), "Interregional spillovers in the presence of perfect and imperfect household mobility," *Journal of Public Economics* 55, pp.167-184.

# 第 5 章

# 公害紛争処理制度と公害防止協定

## 1. はじめに

　1950年代後半から60年代にかけて，高度成長期の我が国では各地で深刻な産業型公害が多発し公害紛争が続発した．当時，公害紛争の主要な解決手段は，被害者が加害者を民事訴訟に訴える司法的解決であった．しかし，民事裁判は，被害者にとって原因と被害との因果関係を立証することが困難であることや解決までに多額の費用と長い年月を要することから，解決手段として限界があった．それゆえ，民事裁判とは別に，迅速に紛争を解決し被害者を救済する制度の創設が望まれた．そこで，1967年に制定された（旧）公害対策基本法において「政府は，公害に係る紛争が生じた場合におけるあっせん，調停等の紛争処理制度を確立するため，必要な措置を講じなければならない」と規定された．そして，これを具体化したものとして，1970年に公害紛争処理法が制定され，同法に基づく公害紛争処理制度が確立した．

　公害紛争処理制度が設けられた当時は公害といえば事業場を発生源とする産業型公害がほとんどであったが，1989年度以降，事業場を発生源とする公害は減少する一方で，鉄道，娯楽・スポーツ，廃棄物・下水道処理，道路などに係るものが増大し，発生源が多様化している．こうした多種多様な公害・環境問

題に対して課税や排出権などの市場的手段や直接規制によって対応することは困難である．また，司法的解決は上で述べられたように時間，費用，公平性の面で限界がある．それゆえ，個別の公害・環境問題ごとに発生者と被害者との交渉をもとに解決を図る公害紛争処理制度の機能が将来も一定の役割を担うと考えられる．

　上で述べられた公害紛争処理制度や後に述べられる公害防止協定は国や地方自治体が介入するとはいえ，当事者間の交渉が外部不経済の解決の中心となるという点ではコースの定理で考察される状況と類似している．コースの定理とは，外部性の解決に関する交渉の取引費用が無視できるとき，加害者が汚染する権利をもつ場合であれ，被害者がきれいな環境を享受する権利をもつ場合であれ，加害者と被害者の交渉によって社会的に最適な資源配分が実現されるという主張である．[1] 本章の目的は，情報の非対称性の下でのコースの定理の効率性を分析した Huber と Wirl（1998）に依存して，公害紛争処理制度や公害防止協定の効率性を考察することである．

　本章の構成は以下のようである．公害・環境問題の解決のための制度として，2節では公害紛争処理制度が，3節では公害防止協定が説明される．4節では，被害者の損失は第三者にはわからない私的情報であり，公害紛争処理制度や公害防止協定が活用されない場合には裁判によって公害・環境問題が解決されるという想定の下で，公害紛争処理制度や公害防止協定が理論的に分析される．

## 2．公害紛争処理制度

### 2.1　公害紛争

　ここでは，公害紛争処理制度が紹介される．[2] 公害紛争処理制度は，準司法的な機能をもった国または地方自治体が被害者と加害者の間に立って公害紛争を迅速かつ適正に解決することを目的としている．公害紛争処理制度は中央におかれた公害等調整委員会および各都道府県におかれた公害審査会による公害

紛争処理と各地方自治体におかれた公害苦情相談窓口による公害苦情処理から構成される.[3) ]公害等調整委員会と公害審査会の違いに関しては，前者は主に被害が著しい重大事件や2つ以上の都道府県におよぶ事件を扱い,[4) ]後者はそれ以外の事件を扱うことになっている．また，裁定は公害等調整委員会のみが行う．

公害紛争処理には，次の4つの手続きがある.[5)]

(1) あっせん　当事者間の交渉が円滑に進むように，当局が話し合いを仲介して解決を図る．

(2) 調停　当局が積極的に介入して，当事者間の互譲に基づく紛争の解決を図る．調停の成立は，当事者間に合意（一般的には民法上の和解契約）の成立を意味する．

(3) 仲裁　当事者が裁判を受ける権利を放棄して紛争解決を当局の仲裁委員会の判断に委ねる．その判断は確定判決と同一の効力をもつ．

(4) 裁定　当局の裁定委員会が法律的判断（裁定）を下す．損害賠償について裁定を下す責任裁定と被害と加害行為との因果関係について裁定を下す原因裁定とがある．

上の説明から明らかなように，後に挙げた手続きほど当局の介入の度合いが強い．これらの手続きにおいて，場所の設定や立会，現地の調査，参考人・鑑定人の尋問などが当局によって行われる．従って，当局が上述の役割を果たすことは，当事者が負担する交渉の取引費用を小さくする働きがあるといえる．公害紛争処理法が施行された1970年11月1日から1998年度末までの公害紛争の解決状況が表1にまとめられる．表1から明らかなように，調停が一番多く利用されている．裁判や次に説明される公害苦情処理も含めて，公害問題の解決の流れが図1に示される．

1998年度に公害等調整委員会に係属した事件は26件であり，主な事件には，有害物質を含む産業廃棄物が放置されたことにより周辺住民に被害が生じていることから産業廃棄物の一切の撤廃と慰謝料を求めた香川県豊島産業廃棄物水質汚濁被害等調停事件3件（申請人・参加人549人），鉄道車両のスピードアップ，増発，営業時間延長により騒音，振動，粉塵により沿線住民に被害が生じ

表1　公害紛争の処理状況

| | あっせん | 調停 | 仲裁 | 裁定 | 義務履行勧告 | 合計件数 | 終結件数 |
|---|---|---|---|---|---|---|---|
| 1970年11月1日から1998年度末までに公害等調整委員会に係属した事件 | 1 | 691 | 1 | 40 | 2 | 735 | 726 |
| 1970年11月1日から1998年度末までに都道府県公害審査会に係属した事件 | 36 | 820 | 4 | — | 7 | 867 | 804 |

注：1．公害等調整委員会は1972年6月30日以前は中央公害審査委員会であった．
　　2．1970年11月から1974年10月の公害審査会の和解の仲介はあっせんにふくめた．
（出所）公害等調整委員会『平成11年版　公害紛争処理白書』表1-2-1，1-3-1から作成．

ていることから過去および将来の損害賠償を求めた小田急線騒音被害等責任裁停事件14件（申請人・参加人325人），東京都杉並区に不燃ゴミ中継施設が開設されてから周辺住民が受けた健康被害が同中継施設から排出される有害物質によるとの原因裁定を求めた杉並区における不燃ゴミ中継施設健康被害原因裁定事件1件（申請人18人）がある．過去の大きな事件として，不知火海沿岸における水俣病に係る損害賠償調停事件612件（患者数1,548人）や大阪国際空港騒音調停事件24件（申請人20,730人），渡良瀬川沿岸における鉱毒による農作物に係る損害賠償調停事件6件（申請人1,009人），スパイクタイヤ粉塵被害等調停事件3件（申請人269人）などがある．

　1998年度に都道府県公害審査会に係属した事件は108件である．その内容は，道路，鉄道，工場，建設現場などによる騒音，振動，大気汚染や廃棄物の処理による水や大気の汚染，農薬・化学肥料による大気・水・土壌の汚染など多様である．最近の傾向として，産業廃棄物の不適切な処理に関する事件が増加していることがあげられる．都道府県公害審査会が1998年度中に受け付けた39件のうち22件が廃棄物・下水等処理に関するものであった．

　近年の公害紛争の特徴として，国，地方自治体，公団などが公害の発生源と

図1 公害紛争処理制度の仕組み

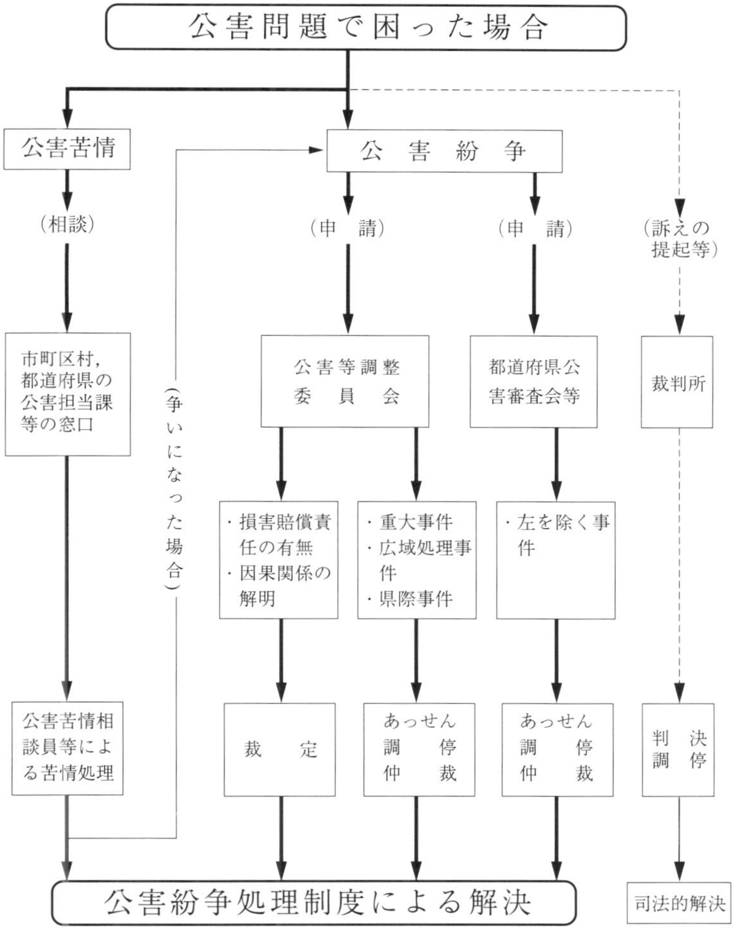

```
                    公害問題で困った場合
         ┌──────────────┼──────────────────────────┐
         ▼              ▼                          ▼
      公害苦情         公害紛争                (訴えの提起等)
       (相談)    (申請)      (申請)
         │        │           │                    │
         ▼        ▼           ▼                    ▼
    市町区村,   公害等調整   都道府県公           裁判所
    都道府県の   委員会     害審査会等
    公害担当課
    等の窓口
              ・損害賠償責 ・重大事件   ・左を除く事
              任の有無    ・広域処理事  件
              ・因果関係の  件
              解明       ・県際事件
         │        │           │           │
         ▼        ▼           ▼           ▼
    公害苦情相   裁 定    あっせん    あっせん   判 決
    談員等によ           調 停     調 停    調 停
    る苦情処理          仲 裁     仲 裁
         │        │           │                    │
         ▼        ▼           ▼                    ▼
        公害紛争処理制度による解決              司法的解決
```

(出所) 表1に同じ．図1-1-1．

して申請されるケースが増えていることがあげられる．1989年度から1998年度までの10年間についてみてみると，公害等調整委員会に係属した83件中31件，公害審査会に係属した431件中173件が国，地方自治体，公団などが発生源側に含まれる事件であった．産業廃棄物処理場からの汚染に関する事件で行政の監

表2　過去5年間に公害等調整委員会が処理した事件

| 年　度 | 係　属 | 終　結 | 成　立 | 取り下げ | 打ち切り その の 他 |
|---|---|---|---|---|---|
| 1994 | 19 | 5 | 2　(1) | 3 | 0 |
| 1995 | 16 | 2 | 0 | 0 | 2 |
| 1996 | 24 | 4 | 4　(0) | 0 | 0 |
| 1997 | 26 | 2 | 1 | 0 | 1 |
| 1998 | 26 | 17 | 14　(14) | 0 | 3 |

(出所) 各年版『公害紛争処理白書』から作成.

表3　過去5年間に都道府県公害審査会が処理した事件

| 年　度 | 係　属 | 終　結 | 成　立 | 取り下げ | 打ち切り その の 他 |
|---|---|---|---|---|---|
| 1994 | 105 | 52 | 16　(1) | 4 | 32 |
| 1995 | 92 | 41 | 16　(0) | 6 | 19 |
| 1996 | 94 | 36 | 9　(1) | 1 | 26 |
| 1997 | 109 | 40 | 14　(2) | 6 | 20 |
| 1998 | 108 | 45 | 22　(4) | 5 | 18 |

(出所) 表1に同じ. 表1-3-1と表1-3-11から作成.

督責任が問われて地方自治体が企業とともに当事者となるようなケースもあるが，道路や清掃工場などのように国，地方自治体，公団などが直接の公害の発生者であるケースも多い．

　過去5年間の公害等調整委員会と都道府県公害審査会による公害紛争の処理状況は表2，3のようである．[6] 表の成立とは，あっせん，調停，仲裁，裁定の成立件数を指す．また，カッコ内の数字はこれら4つの成立件数のうち金銭支払いを伴った解決の件数が表される．[7] それぞれの表で係属した事件に比べて終結した事件が少ないのは，次年度に繰り越される場合が多いからである．

　表2，表3で，打ち切りとは，合意が成立する見込みがないと公害等調整委員会または都道府県公害審査会が判断して当該事件の扱いを打ち切ったことを

表す．その他とは，申請の内容が適当でないと公害等調整委員会または都道府県公害審査会に判断されて受理されなかった場合などである．取り下げとは，例えば，加害者が防音装置の取り付け，操業時間の短縮，工場の移転などを行ったために，被害が軽減・消滅したために被害者が申請を取り下げたものである．それゆえ，ここでは表2，表3の成立と取り下げの和を加害者と被害者とが合意に達した件数と見なすことにする．

このような観点から表2，表3を見ると，当事者どうしが合意に達するのは公害等調整委員会の下でも都道府県公害審査会の下でも一部に過ぎないことが明らかである．外部性に関する当事者間の交渉において，このように合意が不成立となる要因として経済的・社会的な対立のほかに加害者の便益や被害者の損失に関する情報の非対称性があげられるが，本章の後半では，情報の非対称性が外部不経済に関する交渉に与える影響が理論的に分析される．

## 2.2 公害苦情

公害苦情は公害紛争の前段階または初期段階として見なされ，公害紛争処理制度の一環として，公害紛争処理法によって都道府県・市町村に公害苦情相談窓口がおかれている．[8] 公害苦情の処理の流れは図2のようである．

1997年度に全国の地方公共団体の公害苦情相談窓口で受け付けた件数は70,975件である．その内訳に関して，図3が作成される．いわゆる典型7公害（騒音，大気汚染，悪臭，水質汚濁，振動，土壌汚染，地盤沈下）が全体のほぼ四分の三を占める．典型7公害以外に係わる苦情でもっとも多いものは，廃棄物の不法投棄である．

1997年度において，苦情処理のために行政当局がとった措置は発生源に対する行政指導が43,096件（直接処理件数の65.9％），原因の調査が6,115件（同9.4％），申立人に対する説得が2,189件（同3.3％），当事者間の話し合いが1,952件（同3.0％）であった．防止対策を講じたのは42,194件（直接処理件数の64.5％），講じなかったのは9,881件（同15.1％），不明なものは13,315件（同20.4％）である．苦情の申し立てから処理までの期間は，1週間以内が

図2　公害苦情処理の流れ

```
┌─────────────────────┐
│  公 害 苦 情 の 受 付  │
└─────────────────────┘
           │       苦情申立人からの事情聴取
           ↓
┌─────────────────────┐
│  原　因　究　明       │
└─────────────────────┘
           │       現地調査
           │       付近住民からの事情聴取
           │       発生源者からの事情聴取
           ↓
┌─────────────────────┐
│  解 決 策 の 検 討    │
└─────────────────────┘
           │       公害防止・改善対策の検討
           │       関係機関との連絡・協議
           ↓
┌─────────────────────┐
│ 改善指導・自主的解決支援 │
└─────────────────────┘
           │       発生源者に対する助言・指導
           │       苦情申立人への処理経過説明
           ↓
┌─────────────────────┐
│  解　　　　　決       │
└─────────────────────┘
```

（出所）公害等調整委員会編『ちょうせい』，第9号，5頁.

図3　公害苦情の内訳

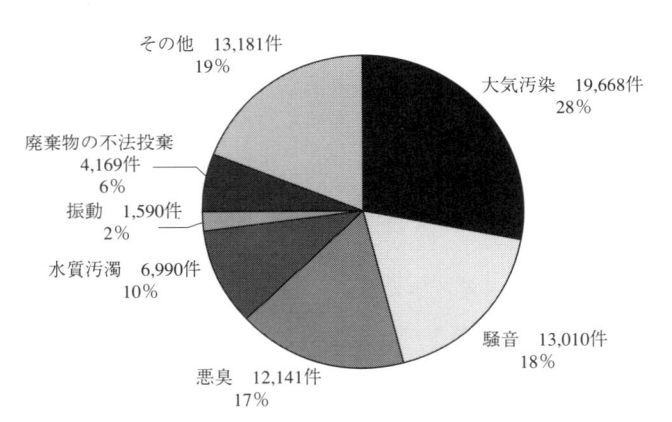

- その他　13,181件　19%
- 大気汚染　19,668件　28%
- 廃棄物の不法投棄　4,169件　6%
- 振動　1,590件　2%
- 水質汚濁　6,990件　10%
- 悪臭　12,141件　17%
- 騒音　13,010件　18%

注：土壌汚染201件，地盤沈下25件は表示が困難なので省略．
（出所）表1に同じ．表1-4-3から作成．

33,746件（直接処理件数の51.6％），1ヶ月以内が9,125件（同14.0％），3ヶ月以内が6,282件（同9.6％），6ヶ月以内が7,042件（同10.8％），1年以内が3,051件（同4.7％），1年超が1,754件（同2.7％）である．約3分2の苦情が1ヶ月以内に解決されている．

　公害苦情処理制度による解決は，金銭による補償を伴わないからコースの定理で考察されている状況とは異なるものであるが，上で述べられたように，違法ではないものを含む多様な外部不経済が迅速に解決されているという点で評価できる．

## 3．公害防止協定

　コース流の交渉による外部不経済の解決における問題点として，当事者が多数にのぼるならば，取引費用が大きすぎて交渉が困難であることが指摘される．例えば，工場の騒音で付近の住民が被害を受けているとしよう．このような状況下で，多数の住民と工場を操業している企業が直接交渉することは容易ではない．けれども，地方自治体が住民の代理として行動するならば，地方自治体と企業が交渉を行って公害の防止に関して合意を形成することが可能であろう．このような地方自治体と企業との取り決めは公害防止協定とよばれる．

　1952年に，島根県と山陽パルプおよび大和紡績との間で締結された覚書が我が国の最初の公害防止協定であるとされている．けれども，公害防止協定が環境保全や公害防止の手段として各地域に広がったきっかけとなったのは，1964年に横浜市と埋立地に進出を予定していた電源開発および東京電力との間で締結された協定である．その内容は火力発電所の操業に関する具体的な環境保全措置から構成された．この協定は「横浜方式」とよばれ，それ以降，各地の地方自治体が企業と協定を結ぶ際の手本となった．[9]環境庁『平成11年版環境白書（各論）』によれば，1997年4月から1998年3月までに締結された公害防止協定は約1,200件であった．[10]その内容は表4のようである．

　多くの公害防止協定において，企業が工場付近を緑地化したり公園・公民館

表4　業種別の公害防止協定締結事業所数（地方公共団体―企業等）

| 業　　　種 | 事業所数 | 業　　　種 | 事業所数 |
|---|---|---|---|
| 農　　　業 | 33 | ゴ ム ・ 皮 革 | 20 |
| 鉱　　　業 | 27 | 窯 業 ・ 土 石 | 51 |
| 建　設　業 | 67 | 鉄　鋼　業 | 29 |
| 食　料　品 | 90 | 非 鉄 金 属 | 28 |
| 衣 服 ・ 繊 維 | 25 | 金 属 製 品 | 84 |
| 木材・木製品 | 25 | 機 械 工 業 | 141 |
| 紙 ・ パ ル プ | 26 | 電 気 等 供 給 | 16 |
| 化　学　工　業 | 89 | そ　の　他 | 452 |
| 石油・石炭製品 | 13 | | |

注：1997年4月1日から1998年3月31日までの間に締結されたものの内訳である．
(出所) 環境庁『平成11年版　環境白書（各論）』, 第3-1-6表.

などの公共施設を寄付したりすることが盛り込まれる．これは被害に対する補償を現金ではなく現物で行っているととらえることができる．[11]

『平成11年版　環境白書（各論）』では，多くの公害防止協定が締結されている理由として，「①法令に基づく対策に加え，当該地域社会の地理的，社会的状況に応じたきめ細かい公害防止対策を適切に行うことができること，②企業側から見ても，立地に際して地域住民の同意を得ることが，企業活動の円滑な実施を図っていく上で不可欠なものと意識されていること」[12]があげられている．他の理由として，地方自治体の条例制定権が十分でないので，公害対策として公害防止協定が活用されたということもある．けれども，地方自治体が住民である被害者の利益を完全に反映することは期待できないという限界があることにも注意を払わなければならないであろう．[13]

地方自治体が被害者の被害を正確に把握し，住民の代理として企業と交渉を行うとき，住民の被害は私的情報であることから，企業は住民の被害がわからないという情報の非対称性が存在する．このとき，交渉の帰結がどのようになるかが次の節で分析される．

## 4. 非対称的情報下のコースの定理の効率性

### 4.1 モデル

2節と3節では，外部性に関する当事者間の交渉を軸とした解決として，公害紛争処理制度や公害防止協定が説明された．被害者の被害は第三者にはわからないという情報の非対称性が存在するとき，これらの解決方法は果たして有効に機能するのであろうか．本節では，HuberとWirl (1998) のモデルに依拠して上の問題が考察される．

はじめに，HuberとWirlの論文の記号が紹介される．汚染を排出する企業と，その企業の周辺に居住し汚染によって損失を被っている住民がいるとしよう．[14] 簡単化のために次のような仮定をおくことにする．住民はすべて同質であるとする．複数の住民がどのように意思決定を行うかはここでは考慮されない．また，公害防止協定において地方自治体が住民の被害を正確に把握できるかどうかという問題や地方自治体が住民の利益を反映した行動をとるかどうかという問題を捨象するために，企業と住民が直接に公害防止協定を締結するとしよう．

汚染排出量を $x$ としよう．企業の汚染による便益は $\alpha V(x)$ で表され，[15] 住民の汚染による損失は $\beta D(x)$ で表されるとする．[16] ここで，$V(x)$ と $D(x)$ はそれぞれ正規化された便益と損失とし，共通知識であるとしよう．また，$\alpha$ と $\beta$ はそれぞれ便益と損失に関する正のパラメータとする．$V(x)$ は凹関数，$D(x)$ は凸関数であるとし，それぞれ2回以上微分可能であって，

$$V(x) \geq 0, V'(x) \geq 0 \quad for \quad x < \bar{x}, \; V''(x) \leq 0, \tag{1}$$

$$D(x) \geq 0, D'(x) \geq 0, D''(x) > 0 \tag{2}$$

が満たされるとする．ただし，$\bar{x}$ は限界便益 $V'(x)$ がゼロとなる汚染排出量である．

住民にとって自分の $\beta$ の値は既知であるが，企業にとって住民の $\beta$ は $[\underline{\beta}, \overline{\beta}]$ 上の値をとるランダム変数であると仮定される．

あとの議論で基準として用いるために,社会的に最適な汚染排出量を定義しておこう.社会的純便益である $\alpha V(x) - \beta D(x)$ を最大化する協力解を $x^c$ とおけば,

$$\alpha V'(x^c) = \beta D'(x^c) \tag{3}$$

が満たされる.(3)は限界便益と限界損失が等しいことを示している.$x^c$ は完全情報の下でのコース流の交渉によって実現される汚染排出量である.

### 4.2 交渉が行われない場合

公害紛争処理制度や公害防止協定による企業と住民との合意が成立しない場合には,汚染排出量は裁判によって定まるとしよう.因果関係の立証の困難性や受忍限度論のために被害が補償されないことはないとしよう.従って,住民は汚染が存在するとき,訴訟を起こして,請求した損失を企業に完全に補償してもらうことができるとしよう.[17] 汚染排出量が $x$ であるとき,生じる被害は $[\underline{\beta} D(x), \overline{\beta} D(x)]$ であるが,被害は私的情報なので真の被害は裁判官にはわからない.それゆえ,住民は真の被害を正直にいわないで,自己のもっとも有利な被害を申し立てるであろう.また,企業は住民の申し立てた被害を所与として,汚染による利益から住民への補償を引いた値が最大となるような汚染排出量を選択するであろう.

このような司法的解決の結果は,企業と住民がそれぞれ

$$\max_{x} \quad \alpha V(x) - \hat{\beta} D(x) \tag{4}$$

$$\max_{\hat{\beta} \leq \overline{\beta}} \quad -\beta D(x) + \hat{\beta} D(x) \tag{5}$$

を満たすような $x, \hat{\beta}$ を選択する非協力ゲームのナッシュ均衡によって与えられるであろう.ナッシュ均衡の $x$ と $\hat{\beta}$ をそれぞれ $x^n, \beta^n$ とおけば,

$$\alpha V'(x^n) = \beta^n D'(x^n) \tag{6}$$

$$\beta^n = \overline{\beta} \tag{7}$$

が満たされる.$\beta = \overline{\beta}$ でない限り,$x^n < x^c$ が成立することから,裁判の結果は社会的に最適でないことが明らかである.

### 4.3 交渉が行われる場合

次に，企業と住民の間で公害紛争処理制度や公害防止協定が活用された場合に，汚染排出量がどのようになるかを考察しよう．企業が住民に損失に等しい補償を支払って汚染を増加させてもらう交渉を公害紛争処理制度や公害防止協定の下で試みるとしよう．これらの制度が活用されないとき，汚染排出量は裁判によって $x^n$ に決定されることから，$x^n$ が交渉の出発点となる汚染排出量となるであろう．(6)，(7)より $aV'(x^n) = \overline{\beta}D'(x^n) > \beta D'(x^n)$ が満たされることから，企業が汚染排出量を $x^n$ よりも1単位増加するときの追加的な便益 $aV'(x^n)$ は住民への追加的な補償 $\beta D'(x^n)$ よりも大きい．従って，企業は汚染排出量を $x^n$ よりも増やすことで，追加的な補償を住民に支払ってもなおあまりある利益を手にすることができる．ただし，こうした交渉はうまくいかないであろう．なぜならば，真の被害は住民しか知らない私的情報であるから，法廷と同様にこのような交渉においても，住民は自分の被害を過大に表明する誘因をもつからである．

そこで，住民から真の被害を聞き出し，汚染排出量と補償を決定するために，誘因両立的なメカニズムが用いられるとしよう．公害紛争処理制度の場合であれば，公害等調整委員会や公害審査会がこうしたメカニズムを設計して，企業が用いることを推奨するとしよう．公害防止協定の場合であれば，企業がこうしたメカニズムを設計して用いるとしよう．このようなメカニズムは，企業をプリンシパル，住民をエージェントとしたプリンシパル―エージェンシー・モデルで表現することができる．顕示原理により，メカニズムは住民が企業に $\beta$ を報告し，企業は報告された $\beta$ にもとづいて汚染排出量 $x(\beta)$ と補償 $s(\beta)$ を選択するという直接メカニズムに考察を限定することができる．[18]

企業の目的は，汚染による便益と住民への支払いとの差を最大化することである．この最大化問題は次のように定式化される．[19]

$$\max_{x(\beta), s(\beta)} \int_{\underline{\beta}}^{\beta_0} [aV(x(\beta)) - s(\beta)]g(\beta)d\beta \qquad (8)$$

s.t.

$$-\beta D(x(\beta)) + s(\beta) \geq -\beta D(x^n) + \overline{\beta} D(x^n) \qquad (9)$$
$$-\beta D(x(\beta)) + s(\beta) \geq -\beta D(x(\hat{\beta})) + s(\hat{\beta}), \text{ for all } \hat{\beta} \in [\underline{\beta}, \beta_0] \qquad (10)$$

ここで, $g(\beta)$ は住民以外の主体が $\beta$ を予想するときの確率密度関数である. 2つの制約条件の意味は次のようである. (9)は住民の参加制約であり, 住民が公害紛争処理制度や公害防止協定に委ねたときの利得が裁判のときの利得を下回らないことを表す. また, (10)は誘因両立性の制約であり, 住民が自分の真の損失を表明したときの利得が虚偽の表明をしたときの利得を下回らないことを表す. 上のメカニズムの下で, 企業は汚染 $x(\beta) \geq x^n$ と引き換えに補償 $s(\beta)$ を住民に支払う.[20] 標準的なプリンシパル—エージェンシー・モデルとの違いは次の2つである. 一つは, 司法的解決に委ねた場合の住民の利得は $\beta$ に依存することから, 参加制約に含まれるエージェントの留保価格が定数でないことである. もう一つは, プリンシパルとエージェントの両方に参加制約が課されることである. このことは次のように説明される.

企業が住民に汚染排出量の増加についての交渉を行うとき, 1単位の汚染排出量の増加に対して, 住民の $\beta$ が大きいほど多くの補償が必要となる. このことは, プリンシパルからみて $\beta$ がより大きなエージェントほどより非効率なタイプであることを意味する. 従って, (9)の不等号を等号で満たす限界的なタイプの住民が存在するであろう. このタイプの $\beta$ を $\beta_0$ で表すことにしよう. $\beta$ が $\beta_0$ よりも大きい住民は, 交渉して汚染排出量を増やしてもらうかわりに支払う補償が裁判のときの補償よりも大きくなってしまうから, 企業にとって $x^n$ よりも汚染排出量を増やさせてもらうメリットはない. 従って, これらの住民と企業との間では公害紛争処理制度や公害防止協定による合意は成立しない. 企業と $\beta = \beta_0$ である住民との交渉が合意するためには, 交渉結果での企業の利得が裁判のときの利得を下回ってはならないであろう. すなわち,

$$\alpha V(x(\beta_0)) - s(\beta_0) \geq \alpha V(x^n) - \overline{\beta} D(x^n) \qquad (11)$$

が満たされなければならない. (9)と(11)を組み合わせることによって, 企業と住民の参加制約を表す式

$$\alpha[V(x(\beta)) - V(x^n)] \geq \beta[D(x(\beta)) - D(x^n)] \qquad (12)$$

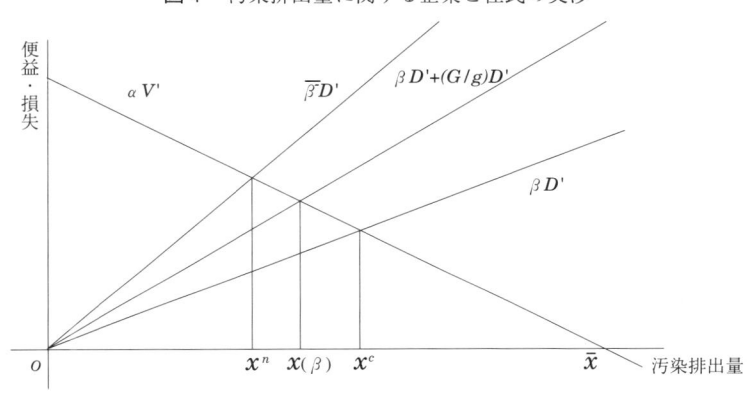

**図4　汚染排出量に関する企業と住民の交渉**

が導かれる．交渉は，司法的解決の下での汚染排出量 $x^n$ からの増加をめぐるものであるから，$x(\beta) \geq x^n$ が満たされるはずである．ゆえに，(1)，(2)から(12)の両辺の括弧内は正である．従って，十分小さい $\alpha$ と十分大きい $\beta$ に関して企業と住民の参加制約は満たされないといえる．この結果をまとめておこう．

**命題1**　汚染による便益が十分小さい企業と汚染による被害が十分大きい住民の間では公害紛争処理制度や公害防止協定は用いられない．

内点解の仮定の下で，(8)-(10)の最適化の条件は，プリンシパル―エージェンシー・モデルの通常の解法を用いることによって，

$$\alpha V'(x(\beta)) = \beta D'(x(\beta)) + \frac{G(\beta)}{g(\beta)} D'(x(\beta)) \tag{13}$$

となる．[21] ここで，$G(\beta)$ は $\beta$ の累積分布関数である．(13)の右辺第2項は正であることから，住民の限界損失が企業の限界便益を下回っていることが明らかである．この結果は図4で描かれる．図4から明らかなように，$x^n \leq x(\beta)) < x^c$ が満たされる．

ところで，コースの定理に対する批判としてしばしば次の2点があげられる．現実には，加害者が汚染する権利をもっているのか，それとも住民がきれ

いな環境を享受する権利をもっているのかという権利の所在は明確ではない．また，加害行為と被害との因果関係の立証は困難である．上の議論は，これらの難点が克服されたとしても，情報の非対称性が存在するならば当事者間の交渉は社会的に最適ではないことを意味する．以上の考察が命題にまとめられる．

**命題2** 環境に関する権利と加害行為と被害との因果関係が確定したとしても，情報の非対称性が存在するならば，公害紛争処理制度や公害防止協定の活用の下で決定された汚染排出量は社会的に最適ではない．

情報の非対称性の下での交渉の有無と交渉の下での結果をより明確に理解するために，Huber および Wirl で用いられた次の数値例を考察しよう．

$$V(x) = x - \frac{1}{4}x^2 \tag{14}$$

$$D(x) = \frac{1}{4}x^2 \tag{15}$$

$$G(\beta) = \frac{\beta - \underline{\beta}}{\overline{\beta} - \underline{\beta}}, \quad \beta \in [0.75, 1.25] \tag{16}$$

$\beta$ は企業から見て $[0.75, 1.25]$ 上に一様分布である．以上の数値例の下で，例えば各パラメータが $\alpha = \beta = 1$ であるとき，$\overline{\beta} D'(x)$ と(13)の右辺とはともに $\frac{5}{8}x$ となり一致する．このことは，$\beta = 1$ である住民は $\alpha = 1$ である企業から見てもっとも非効率なタイプであることを意味する．従って，$\alpha = 1$ である企業と $\beta$ が1を上回る住民の間では公害紛争処理制度や公害防止協定を活用されない．

## 5．おわりに

本章では，汚染負担者原則を前提として，[22]情報の非対称性の下では公害紛

争処理制度や公害防止協定が活用されない可能性があることが示された．HuberとWirlのモデルでは汚染者負担原則よりも被害者負担原則の方が当事者間の自発的な交渉が行われる誘因が強いことが指摘される．なぜなら，命題1で示されたように，汚染負担者原則の下では十分小さい$\alpha$をもつ企業と十分大きい$\beta$をもつ住民との間では，当事者間の交渉は実現しないからである．一方，被害者負担原則の下では，適当な仮定の下でこうした当事者間の交渉が必ず実現することがHuberとWirlによって示されている．とはいえ，被害者が汚染者に金銭を渡して汚染を減らしてもらう被害者負担原則を一般的な公害・環境問題の解決に採用することは正当化できないであろう．例外的に，被害者負担原則の採用が正当化されるのは，本章で論じられたような国内的な地域汚染ではなく，先進国が被害者で途上国が汚染者である国際的な越境汚染であると思われる．加藤（1998）では，被害者負担の例として，中国でのばい煙脱硫装置の設置やロシアでの放射性廃棄物処理施設の建設に関する日本の負担があげられている．[23]

　4節の議論は，コース流の交渉における情報の非対称性という側面のみに焦点をあてて公害紛争処理制度や公害防止協定を理論的に考察したものである．4節での結論は被害者の権利が完全に保証されており，取引費用がゼロであるという想定の下でのものであることに注意しなければならない．

　（付記）本稿の作成にあたり，田中廣滋教授（中央大学）より懇切丁寧な指導を賜りました．また，中央大学地球環境研究推進委員会（CRUGE）の学術研究会（1999年6月）では，藪田雅弘教授（中央大学）より種々のコメントを頂きました．記して感謝いたします．ただし，残る誤謬は筆者のものです．

注

1) Coase (1960) を参照．ただし，本来のコースの主張は取引費用が大きい場合に権利や資源配分に影響を与えるというものであった．
2) 公害紛争処理制度の現状と課題については南・西村（1999）を参照．
3) 各都道府県の公害審査会は必置ではなく，1998年度末38都道府県が公害審査会を設置している．
4) 2つ以上の都道府県におよぶ事件の場合，必要に応じて，複数の都道府県

が共同して都道府県連合審査会を設けることとなっている．
5) 公害紛争処理手続きのより詳細な説明は『平成11年版　公害紛争処理白書』，10-14頁を参照．
6) 表2についての補足として次の点がある．1994年度の公害等調整委員会の成立には，水俣病に関する慰籍料額等変更申請が含まれる．また，1998年度の成立14件はすべて小田急線騒音被害等責任裁定申請事件に関するものである．
7) かつては金銭支払いの請求が発生源対策の請求の方を上回っていたが，最近はこの傾向は逆転している．
8) 公害苦情処理の運用に関する現状は公害等調整委員会の広報誌「ちょうせい」を参照．
9) 具体的な公害防止協定の例については環境庁企画調整局環境管理課編(1990) を参照．
10) 環境庁『平成11年版　環境白書（各論）』，231頁．
11) 岸本 (1998)，58頁を参照．
12) 環境庁『平成11年版　環境白書（各論）』，231頁．
13) 岸本 (1998)，58頁を参照．
14) 2.1で述べられたように，近年の公害紛争では行政側が外部不経済の発生者である件数が増加している．行政が公害を発生させている場合には，本稿のような公害発生者と被害者との交渉を考察する前に，そうした事業の妥当性が論じられなければならないであろう．
15) 以下では，外部性をもたらす行為を汚染と表現するが，騒音，悪臭，振動等でももちろん議論は成立する．
16) 廃棄物の焼却施設から排出されるダイオキシンによる汚染の被害が「ガンの発生する確率の増加」という形態で生じるといったように，近年の多様な化学物質による汚染は，リスクとよばれる確率的にとらえられた危険をもたらすという特徴をもつ．こうした汚染への対策は今日重要な問題であるが，その特徴をモデルに導入することは本稿の範囲を大きく超えることから，ここでは住民は自分の被害を正確に把握できると仮定することにする．
17) この仮定は簡単化のためのものである．現実の裁判においては，被害者への補償が完全にはなされないことに留意する必要がある．
18) 以下で用いられるプリンシパル―エージェンシー・モデル (principal-agent theory) についてはFudenberg および Tirole (1991) や Laffont および Tirole (1993) を参照．
19) (8)と(10)の $\beta_0$ は，公害紛争処理制度や公害防止協定に応じる住民の中での最大の $\beta$ である．$\beta_0$ については後で定義が与えられる．
20) 正確には，住民に支払われる $s(\beta)$ には損失に対する補償のほかに損失に関する情報の非対称性に起因する情報レントも含まれる．
21) (13)の導出は，Huber および Wirl (1998)，Fudenberg および Tirole (1991)

を参照.
22） 宮本（1989，第4章第2節）によれば，海外（OECD）と日本では汚染者負担原則の理解が異なっているという．OECDでは汚染者負担原則が資源配分の適正化と貿易上のイコール・フィッティングを主目的としているのに対して，日本では汚染の責任を追及し被害者を救済するための正義と公平の原則として理解されていることが指摘されている.
23） こうした被害者である先進国による負担は，国際的な協力・援助の一環と位置づけられている．加藤（1998），62-63頁を参照.

## 参考文献

Coase, R (1960),"The Problem of Social Costs," *Journal of Law Economics*, 3, pp.1-44.

Fudenberg, D. and J. Tirole (1991), *Game Theory*, MIT Press, Cambridge, MA.

Huber, C. and F. Wirl (1998), "The Polluter Pays versus the Pollutee Pays Principle under Asymmetric Information," *Journal of Environmental Economics and Management*, 35, pp.69-87.

環境庁編（1999）『平成11年版　環境白書（各論）』，大蔵省印刷局.

環境庁企画調整局環境管理課編（1990）『業種別公害防止協定事例集』，ぎょうせい.

加藤峰夫（1998），「環境保全の費用負担」（阿部泰隆・淡路剛久編『環境法（第2版）』第2章第6節，有斐閣）.

岸本哲也（1998），『公共経済学』，有斐閣.

公害等調整委員会編（1999）『平成11年版　公害紛争処理白書』，大蔵省印刷局.

公害等調整委員会編『ちょうせい』，公害等調整委員会（年4回発行）.

Laffont, J. J. and J. Tirole (1993), *A Theory of Incentives in Procurement and Regulation*, MIT Press, Cambridge, MA.

南博方・西村淑子（1999），「公害紛争処理の原状と課題」（森島昭夫・大塚直・北村喜宣編『ジュリスト増刊　環境問題の行方』，有斐閣）.

宮本憲一（1989），『環境経済学』，岩波書店.

# 第 6 章

# 環境保護団体の活動を用いた環境政策の有効性

## 1. はじめに

　汚染物質を排出する企業に対して環境規制が実施される時，規制の準備段階において，法制度の整備，規制を受ける主体の利害調整がなされる．規制の実施後では，企業の活動に対する監視を政策当局は実施しなければならない．この種の環境規制には以下のような限界がある．一つ目は，規制を実施するために作成された法規が形式的・抽象的なことから，法規の内容が明確に理解されない点である．法規の内容が十分に理解されないために，企業の規制遵守が不完全で，環境保全を目的とした規制が有効に機能しない可能性がある．二つ目は，政策当局による企業の監視には限界がある点である．政策当局が個々の企業の汚染物質の排出を監視することは技術的に不可能であり，また，監視に要する費用が多大になる．こうした点から，政策当局主導の環境保護政策のみでは，人の健康または生活環境を維持することは困難である．
　環境規制における問題点を克服するひとつの方策は，被害住民，環境保護団体が提訴した公害裁判，環境保護訴訟による判決の活用に注目することである．公害裁判，環境保護訴訟によって下された判決・裁判例は，ひとつの判例法を形成し，類似した後発の事例に関して有効な基準を与える．公害・環境判

例は個別的・具体的な基準を提供することから，環境汚染に対する法的責任の所在が明確になることや，環境汚染の防止に有効である．NaysnerskiとTietenberg（1992）は，アメリカ連邦政府，州が民間の環境保護団体に汚染物質を排出する企業に対して環境保護対策を行わせる権限を与えている点，住民たちの汚染者に対する環境訴訟が環境破壊防止に重要な役割を果たしている点に言及している．Heyes（1997）は，環境規制作成過程における民間の環境保護団体（非政府組織）の役割に注目する．彼は環境保護団体と汚染排出企業が環境保護に関して争う状況を分析し，環境保護団体の主張が企業に受け入れられ，企業が汚染排出を抑制するなら，社会厚生が改善されると主張する．さらに彼は，環境保護団体が活動する際，社会厚生の最大化に役立つような政策当局の環境政策のあり方について考察する．

本章では，環境保護団体と汚染物質を排出する企業の間で争われる公害裁判，環境保護訴訟を想定したHeyesモデルが利用される．その際，Heyesモデルに次の仮定が追加される．環境保護団体より企業の方が組織力，資金面で優勢である場合，企業の環境保全を考慮しない活動に課税されるという仮定である．以上の仮定の下で，政策当局の補助金・課税政策による環境保護団体，企業の行動に及ぼす影響，また，政策当局の環境保全政策についての検討がなされる．

本章の構成は以下のようになる．2.1節では，本稿の分析に用いられるモデルの説明がなされる．モデルでは次の状況が記述される．環境保護団体は汚染物質を排出する企業に対して環境訴訟を起こし，勝訴するよう努力する．環境保護団体が裁判をする際，政策当局は環境保護団体に訴訟での立場を有利にするために補助金を交付する．汚染物質を排出する企業は環境保護団体と争うことになり，企業側が敗訴になれば環境保全の負担が生じるので，環境保護団体に対抗する．この時，政策当局は，汚染物質を排出する企業に対して裁判における費用を環境保護に関わらない活動とみなし，その費用に対して課税する．2.2節では，政策当局が環境保護団体，企業に対して補助金率や課税率を変化させた場合，環境保護団体，企業の行動，環境訴訟の結果がどのように

変化するかが考察される．さらに，政策当局の補助金・課税政策が必ずしも社会的環境損失の削減を実現するとは限らないことが指摘される．3節では，政策当局が政策を実施する時，環境汚染による損失を最小にするためには，政策当局は補助金率，課税率をどの程度の水準に設定すればよいかが検討される．そこでは，規制が実施される時の汚染企業の環境対策費用が環境保護対策によって生じる便益より大きい時，政策当局の汚染企業に対する政策は課税しないほうが望ましいことが示される．

## 2．公害・環境訴訟の理論的枠組み

### 2.1 環境保護団体と汚染排出企業

本章では，1国内レベルの環境問題が考察される．国内において，企業による汚染ために実際に被害を受けている周辺住民で組織された環境保護団体（environmental group，以下，EGと呼ぶ）と汚染物質を排出する企業（以下，単に企業と呼ぶことにする）がそれぞれひとつの経済主体として存在する．EGは汚染物質を排出している企業に対して訴訟を起こし，その訴訟で，EGは企業に対し汚染排出の削減努力，環境保護対策，地域住民に対する補償などを要求する．EGの要求が裁判で受け入れられれば，訴えられた企業は，損害賠償を支払ったり，環境保護対策の実施することになり，企業の生産活動に対する負担が大きくなる．従って，企業はEGの要求を受け入れず，EGに対抗する．裁判では，EGは，企業が排出する汚染物質と健康被害，環境破壊発生などとの因果関係を証明することに努め，企業は，自社の排出した汚染物質が健康被害，環境破壊の原因ではないことを明らかにする．両者は各自の立場を有利になるようさまざまな活動をする．この活動の例としては，企業の環境汚染責任の有無に関する立証，優秀な弁護団を組織化，世論の支持獲得（署名活動）ための工作などである．このような活動には費用がかかるので，それぞれ主体が負担する費用を $x$（EG），$y$（企業）とする．企業の生産活動の際，企業が排出する汚染物質により被る環境損失の貨幣評価総額が測定可能と仮定して，そ

の額を $d$ と示し，値は一定とする．また，$d$ は，企業が汚染物質を排出しなければ生じたであろう便益として考えられるとする．$d$ は各主体とも既知と仮定する．環境訴訟における各主体の費用 $x, y$ を用いて EG が裁判に勝利する確率 $p(x,y)$ が

$$p(x,y) = \frac{x}{x+y} \tag{1}$$

で定義される．[1] また，$p(x, y)$ は EG が企業に対して汚染物質削減費用を負担させる可能性の程度を表している．ここで，$y>0$ 対して

$$\lim_{x\to\infty} p(x, y) = 1$$

が成り立ち，EG が努力をすればするほど，裁判に勝つ確率は上がってくることを意味する．

裁判が EG の勝訴で終了した後，企業が環境保護対策のために負担する費用は $c_i$ ($i=h, l$) で示され，$c_h$ は費用が高い場合で，$c_h$ が実現する確率は $a$，$c_l$ は費用が低い場合で，$c_l$ が実現する確率は $1-a$ になるとする．この仮定は，企業の環境保全活動が費用以上の効果をもつ場合と費用以上の効果が望まれない保全活動が存在することを意味する．本章では，企業だけがこの $c_i$ の情報を持ち，環境損失の貨幣評価総額 $d$，企業の費用 $c_i$ との間に不等式 $c_h > d > c_l > 0$ が成り立っていると仮定する．特に $c_h > d$ が満たされている時に，企業は過大な負担を避けるため，環境訴訟で企業は EG に対抗する努力を一層行なう．

次に EG と企業の行動の手番については以下のように解釈する．EG がはじめ企業に対して環境訴訟（汚染防止・汚染浄化の要求）を起こし（先導者），EG の行動に対し企業が行動を起こし，自らの立場が不利にならないように行動する（追従者）．こうした状況下では，企業は EG の行動（$x$ の情報）を観察することができる．この場合，Stackelberg モデルを用いて，企業（追従者）についての最適化行動を解く事が可能になる．企業は $x, c_i(i=h, l)$ を所与として最適な行動を選択する．企業の最適化問題は裁判終了後の期待費用と裁判にかかる費用との総計を最小にする $y$ を選択することで，以下のように定式化

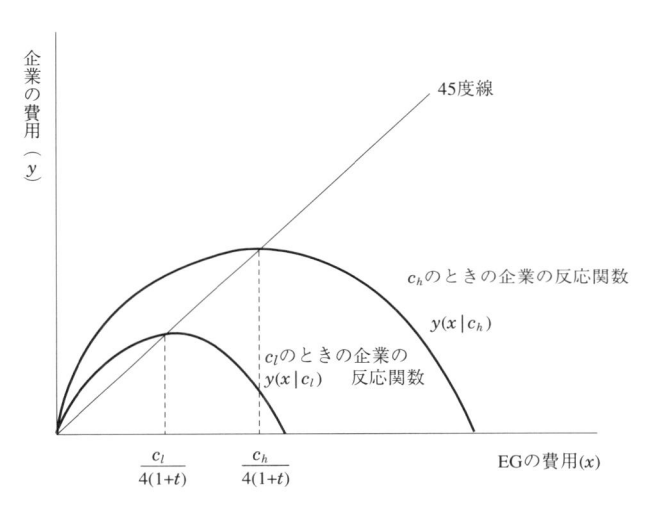

第 6 章 環境保護団体の活動を用いた環境政策の有効性 115

図 1 企業の反応関数

される．

$$\min_{y \geq 0} p(x, y)c_i + (1+t)y \tag{2}$$

になる．[2] (2)式の第 1 項目は，裁判が EG の勝利で終了した時にかかる費用の期待値，第 2 項目は，裁判中における企業の環境保全を阻害するような活動費用（EG に対抗するのにかかる費用）とその活動費用にかかる税額，$ty$，の和を表している．環境対策に含まれない費用が課税されるは次の仮定からである．EG より企業の方が組織力，資金面で優勢である場合，EG は裁判において不利になり，環境訴訟に勝訴する可能性が低くなる．政策当局が環境保全政策のさらなる推進を目指しているなら，企業の環境保全を阻害する活動に課税することが考えられるであろう．(2)式を解くことにより汚染企業の反応関数 $y(x|c_i)$ が以下のように導出される．

$$y(x|c_i) = \begin{cases} \sqrt{\frac{c_i x}{1+t}} - x & 0 < x \leq \frac{c_i}{1+t} \\ 0 & x > \frac{c_i}{1+t} \end{cases} \tag{3}$$

任意の $c_i$ に対して，企業の反応関数 $y(x|c_i)$ は $x$ に対して非単調である．$0<x<c_i/4(1+t)$ の範囲で反応関数を $x$ に関して一回微分した $y_x$ は正になり，$x=c_i/4(1+t)$ の時，$y$ は最大になる．$x$ が区間 $[0, c_i/4(1+t)]$ で増加すれば，$y$ は逓増する．逆に，$x$ が $c_i/4(1+t)$ を超えると，$y$ は逓減する．図1を利用して企業の行動が以下のように理解される．企業の反応関数 $y(x|c_i)$ が45度線より上にある区間では，EGの活動費用が区間 $[0, c_i/4(1+t)]$ で増加するなら，企業の反応関数 $y(x|c_i)$ は増加することを意味し，企業は裁判でEGと張り合っていると理解される．一方，企業の反応関数 $y(x|c_i)$ が45度線より下にある区間では，EGの活動費用が区間 $[c_i/4(1+t), c_i/(1+t)]$ で増加するなら，企業の反応関数 $y(x|c_i)$ は減少することを意味し，企業はEGと張り合わなくなる．また，$0<x\leq c_i/(1+t)$ の関係が満たされる場合，$y(x|c_h)>y(x|c_l)$ から，EGの活動費用が $0<x\leq c_i/(1+t)$ で定められとき，企業の反応関数は $y(x|c_h)$ のほうが $y(x|c_l)$ より大きいので，汚染企業の環境保護対策にかかる費用が高いときは，汚染企業は訴訟において多くの費用をつぎ込み，懸命にEGと争う．

次に環境保護団体，EGの最適化問題が検討される．EGは，企業による汚染ために実際被害を受けている周辺住民で組織化したものと仮定する．EGが汚染企業に対して環境保全対策，損害賠償を請求した裁判を起して争って敗れた場合，EGは $d$ の損失を被りつづけることになる．EGの最適化問題は以下のように示せる．

$$\min_{x\geq 0} [a(1-p(x,y(x|c_h)))+(1-a)(1-p(x,y(x|c_l)))]d+(1-s)x \quad (4)$$

(4)式は，EGが環境訴訟で費やした支出と期待環境損失を最小にする $x$ を選択することを表している．(4)式の各項に注目すると，第1項目は，期待損失を示しているが，裁判がEGの勝訴で終了した後に企業が環境保護対策のために負担する費用が $c_h$ の下で汚染企業が勝訴する確率と，$c_l$ の下で企業が勝訴する確率の和にEGの損失に掛けられている．企業の環境保護に対する費用がどちらであっても（$c_h$ または $c_l$ のどちらのケースでも）EGは $d$ を負担することになる．第2項目は訴訟の際にかかる費用だが，EGの行動が環境保全，不特定多数の便益をもたらすものとみなせる場合にEGに対し租税上の措置が実施

されるなら，裁判における費用が$sx$だけ控除されるものとする．[3]

EGの最適化問題の解$x^*$は(4)式の一階の条件である次の(5)式より得られる．

$$-\left[a\frac{dp(x^*,y(x^*|c_h))}{dx}+(1-a)\frac{dp(x^*,y(x^*|c_l))}{dx}\right]d+(1-s)=0 \quad (5)$$

(5)式の中で，EGが$x$を追加的に増加することにより，環境訴訟において，EGが勝訴する確率に与える影響は以下のようになる．

$$\frac{dp(x^*,y(x^*|c_l))}{dx}=\frac{\partial p}{\partial x}+\frac{\partial p}{\partial y}\frac{\partial y}{\partial x}=\begin{cases}\frac{1}{2}\sqrt{\frac{1+t}{c_i x}} & 0<x\leq\frac{c_i}{1+t}\\ 0 & x>\frac{c_i}{1+t}\end{cases} \quad (6)$$

(5), (6)式の意味をみてみよう．(5)式の第1項目は$x$の追加的な増加により，EGが裁判で負けることから生じる期待損失の追加的な変化を表している．第2項目は$x$の追加的な増加により変化するEGの裁判における追加的な費用である．EGが追加的に$x$を増やしていけば，第1項目は逓減し，第2項目は逓増していく．EGが裁判で懸命に勝つ努力すれば，その努力が報われることになる．(6)式では，$x$の追加的増加により$p$に与える影響は2つの要素から成り立つことが示されている．(1)式を$x$に関して微分すれば，$\frac{y}{(x+y)^2}>0$となるので，(6)式で中間にある式の第1項目の$p$に対する直接の影響は正である．第2項では，$\frac{\partial p}{\partial y}$の部分は(1)式を$y$で微分して，$-\frac{x}{(x+y)^2}<0$となることから，負になる．$\frac{\partial y}{\partial x}$は，$x$が$c_i/4(1+t)$より大きいか小さいかで，正，0のどちらにもなり，一義的にならない．この非一義性は企業の反応関数の非単調性から生じる．企業からみれば，$x<c_i/4(1+t)$なら，両者は裁判において一歩も引かない態度をとることが理解される．EGの最適化の要件は(5)式を満たす$x^*$を求めることになるが，以下では内点解での均衡を考察する．(6)式を(5)式に代入すれば，

$$(1-s)=d\left[\frac{a}{2}\sqrt{\frac{1+t}{c_h x^*}}+\frac{(1-a)}{2}\sqrt{\frac{1+t}{c_l x^*}}\right] \quad (7)$$

となる．(7)式を，$x^*$について解き，$x^*$を$s, t$の関数として示すと，

$$x^*(s,t)=\left[\frac{d(\sqrt{1+t})}{2(1-s)}\left(\frac{a}{\sqrt{c_h}}+\frac{(1-a)}{\sqrt{c_l}}\right)\right]^2 \quad (8)$$

図2　EGの費用関数

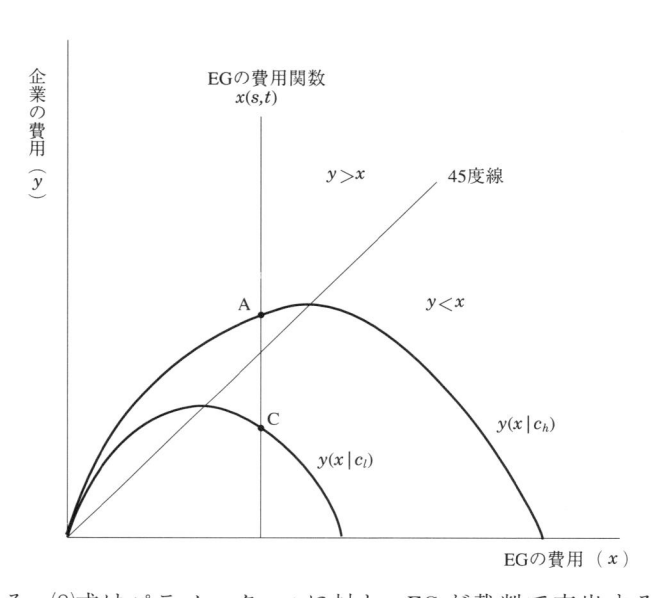

```
企業の費用(y)
                    EGの費用関数
                         x(s,t)
                                        45度線
                       y>x
                                    y<x
                  A
                                          y(x|c_h)
                  C
                           y(x|c_l)

                                        EGの費用(x)
```

となる．(8)式はパラメータ $s, t$ に対し，EG が裁判で支出する $x$ の水準を決定する．一方，汚染者である企業は $\sqrt{c_h x(s,t)/(1+t)} - x(s,t)$ または $\sqrt{c_l x(s,t)/(1+t)} - x(s,t)$ を裁判で支出して，EG に対抗する．こうして，状態依存 (state-contingent) の Stackelberg 均衡 $\{x^*(s,t), y^*(x^*(s,t)|c_h)\}$, $\{x^*(s,t), y^*(x^*(s,t)|c_l)\}$ が得られる．[4] 図 2 において，均衡点 $\{x^*(s,t), y^*(x^*(s,t)|c_h)\}$，$\{x^*(s,t), y^*(x^*(s,t)|c_l)\}$ は，それぞれ A 点，C 点で示される．均衡点 A, C が図2の45度線より上側にある場合 ($x<y$，または，$x<c_i/4(1+t)$ の時)，EG，企業は両者とも対抗しあい，EG の勝訴は容易ではないことが示され，一方，均衡点 A, C が45度線より下側にある場合を満たしている場合 ($x>y$，または，$x>c_i/4(1+t)$ の時)，EG が費用をつぎ込めば，企業の方は抵抗を弱めて活動費用を減らすことが示される．図2では企業の費用のタイプが $c_i=c_l$ なら，EG が勝訴し易くなることが示されて $c_i=c_h$ なら，汚染企業が有利になる．

## 2.2 補助金と課税

本章では，政策当局が補助金 $s$ を EG に給付し，企業に税 $t$ を課すことにより，環境汚染による社会全体の損失を最小（社会全体の厚生を最大）することが検討されるが，この $s, t$ を環境保護政策における手段として政策当局が操作する場合，$s, t$ の変化が EG と企業の最適行動，裁判の結果に及ぼす影響を検討する．

政策当局が $s, t$ をそれぞれ変化させた場合，EG，企業の費用 $x, y$ の水準の変化が以下の式で示される．

$$\frac{\partial x^*(s,t)}{\partial s} = \frac{\left[d\left(\sqrt{1+t}\right)\left(\frac{a}{\sqrt{c_h}}+\frac{(1-a)}{\sqrt{c_l}}\right)\right]^2}{2(1-s)^3} > 0 \tag{9}$$

$$\frac{\partial y}{\partial s} = \frac{\partial y}{\partial x^*}\frac{\partial x^*}{\partial s} = \begin{cases} \left(\frac{1}{2}\sqrt{\frac{c_i}{(1+t)x}}-1\right)\frac{\left[d(\sqrt{1+t})\left(\frac{a}{\sqrt{c_h}}+\frac{(1-a)}{\sqrt{c_l}}\right)\right]^2}{2(1-s)^3} & 0<x\leq\frac{c_i}{1+t} \\ 0 & x>\frac{c_i}{1+t} \end{cases} \tag{10}$$

$$\frac{\partial x^*(s,t)}{\partial t} = \left[\frac{d}{2(1-s)}\left(\frac{a}{\sqrt{c_h}}+\frac{(1-a)}{\sqrt{c_l}}\right)\right]^2 > 0 \tag{11}$$

$$\frac{\partial y}{\partial t} = \frac{\partial y}{\partial t} + \frac{\partial y}{\partial x^*}\frac{\partial x^*}{\partial t} = \begin{cases} -\frac{1}{2}\sqrt{\frac{c_ix}{(1+t)^3}}+\left(\frac{1}{2}\sqrt{\frac{c_i}{(1+t)x}}-1\right)\left[\frac{d}{2(1-s)}\left(\frac{a}{\sqrt{c_h}}+\frac{(1-a)}{\sqrt{c_l}}\right)\right]^2 \\ 0 \end{cases} \tag{12}$$

ここで，$y = y(t, x^*(s, t)|c_i)$ とする．(9)～(12)式の含意をまとめておこう．(9)，(10)式では，政策当局が EG に対する補助金率を高めると，EG，企業の $x, y$ の水準はともに上昇する（企業の費用は，$x<y$ の時，間接的に上昇）ことを表している．つまり補助金率が高まれば，EG は裁判に勝訴する努力を一層活発にし，企業，$x<y$ であるなら，裁判に勝訴するように努める．(11)，(12)式では，政策当局が企業に対し課税率を高めると，EG の $x$ の水準は間接的に上昇し，企業 $y$ の水準は低下（$x>y$ の場合，2つの項とも負になるので）することがわかる．この場合でも，EG は裁判に勝訴する努力を一層活発する．一方，企業は EG に対する抵抗を弱めることになる．EG が勝訴する確率に関しては(6)

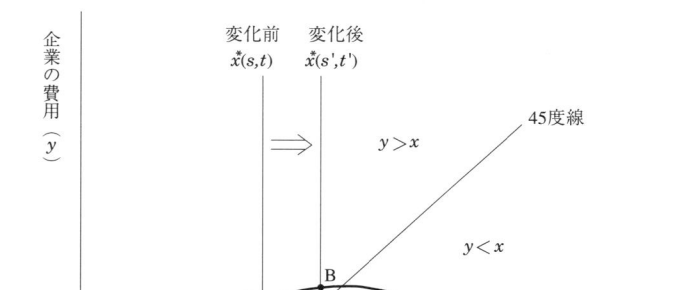

図3　補助金率,税率の変化によるEGの費用の変化

企業の費用（$y$）

変化前 $x^*(s,t)$
変化後 $x^*(s',t')$

45度線

$y>x$

$y<x$

A　B

$y(x|c_h)$

C　D
$y(x|c_l)$

EGの費用（$x$）

式が正なので，$x$ が増加すれば，$p(x, y)$ は増加することになり，補助金率を上昇させる政策はEGが裁判で勝つ確率が高まることになる．政策当局が汚染企業の費用 $y$ に対する課税率を上昇させることによるEGの勝訴確率の追加的な変化は次の式で示される．

$$\frac{\partial p(s,t)}{\partial t} = \frac{\partial p}{\partial x^*}\frac{\partial x^*}{\partial t} + \frac{\partial p}{\partial y}\frac{\partial y}{\partial t} + \frac{\partial p}{\partial y}\frac{\partial y}{\partial x^*}\frac{\partial x^*}{\partial t}$$

$$= \frac{y}{(x+y)^2}\left[\frac{d(1-m)}{2(1-s)}\left(\frac{a}{\sqrt{c_h}}+\frac{(1-a)}{\sqrt{c_l}}\right)\right]^2 + \frac{-x}{(x+y)^2}\left(-\frac{1}{2}\sqrt{\frac{c_i x}{(1+t)^3}}\right)$$

$$+ \frac{-x}{(x+y)^2}\left(\frac{1}{2}\sqrt{\frac{c_i}{(1+t)x}}-1\right)\left[\frac{d(1-m)}{2(1-s)}\left(\frac{a}{\sqrt{c_h}}+\frac{(1-a)}{\sqrt{c_l}}\right)\right]^2$$

$$= \frac{1}{2}\sqrt{\frac{1+t}{c_i x}}\left[\frac{d(1-m)}{2(1-s)}\left(\frac{a}{\sqrt{c_h}}+\frac{(1-a)}{\sqrt{c_l}}\right)\right]^2 + \frac{1+t}{c_i}\left(\frac{1}{2}\sqrt{\frac{c_i x}{(1+t)^3}}\right)$$
$$> 0$$

(13)

政策当局のEG，企業に対してとられる政策が，EG，企業の行動に及ぼす効果を命題1としてまとめる．

**命題1** 政策当局がEGに対して補助金率，企業に対して税率を引き上げることは，EGの活動を活発にさせ，EGが裁判において勝訴する確率を上昇させることになる．

従って，$s, t$ の増加はEGが企業に対して環境保全の上で有利な立場に立つ確率を高めることになり，政策当局は補助金・課税政策により裁判の結果を操作することができる．図3を利用して命題1の内容が以下のように説明される．補助金率 $s$ の上昇はEGの活動が活発になることより，$x^*$ が右にシフトすることが示され，$x^*$ のシフトにより均衡点はそれぞれAからB，CからDに移動することが示される．また，企業の反応曲線が45度線より上側にある場合，企業はEGに抵抗することが理解される．政府がEGに補助金を給付し，企業に課税することで，2つの均衡点が共に45度線より下側に移動した場合，EGが裁判において企業の責任を一層追及することになる．

次に政策当局の環境政策について検討する．政策当局が民間部門へ介入するのは社会厚生を最大にするためであるが，政策当局には企業の環境保護対策にかかる私的費用 $c_i$ が分からない．政策当局は $s, t$ を操作するが，操作するのが適切な場合，すなわち，企業が汚染物質を排出しなければ生じたであろう便益を取り戻すのに便益より環境対策費用の方が低い場合（$d > c_i$），と操作するのが不適切な場合，すなわち，その便益を回復させるのに環境対策費用が便益より大きい場合（$d < c_i$）に関係なくEGが勝訴する確率を上げることになる．$d < c_i$ が満たされる時にEGが勝訴するなら，企業が裁判終了後に負担する環境保護の費用が過大になり，企業自身にも損失が発生することになり，社会全体の厚生も減少する可能性がある．従って，政策当局の補助金・課税政策は万能とは言えない．社会的損失を最小にするために政策当局は $s, t$ を最適な水準に設定しなければならない．

## 3. 社会厚生と最適な補助金と課税

　環境保護政策が民間部門の活用によって実施される場合，政策当局は民間のEGにどの程度の補助金を給付し，企業にはどの程度の税を負担させればよいかが問題になる．2.2節において，補助金率$s$，課税率$t$を用いて環境政策設計者（政策当局）はEGと企業間での環境訴訟の結果を変化させることが示された．政策当局は補助金・課税政策で$p$の値を上昇させることにより，EGの勝訴を導くことが可能である．しかし，訴訟終了後の企業の環境保全対策費用が$c_h$のとき，EGが勝訴するなら，社会において$c_h-d$分の損失が発生する．つまり，EGの勝訴により避けられる損失$d$が企業の環境保護対策にかかるコスト$c_h$より小さい場合（$c_h>d>c_l>0$）に，EGが勝訴すれば，$c_h-d$分だけ社会的損失が増加（厚生が減少）する可能性がある．こうしたケースを避けるような環境政策を政策当局は行わなければならない．社会的損失の改善が政府の環境政策の目標になることから，以下では，政策当局はどのような状況において補助金の支給，課税を行うかが検討される．

　EGと企業が法廷で争う際，企業の環境保護費用が$c_h$とする．企業を追い込むような政策を政策当局が行えば，企業は敗訴し，$c_h-d$分の損失が発生することになり，社会的損失削減が達成されない．この場合，政策当局は企業に課税を行わないことが社会的損失削減になる可能性がある．図4で，$c_i=c_h$の下で，$x$が$x<c_h/4(1+t)$の範囲にある時，企業は$c_h$の負担を避けるため，懸命にEGに対抗する．企業が敗訴すれば$c_h-d$分の損失が生じることになる．政策当局は$c_h-d$分の損失を避けるのに，企業に対し税を課さないであろう．一方，政策当局は，$c_i=c_l$の下で，$d$の損失を避けるのに，EGに対し補助金を交付するであろう．特に，$x$が$x<c_l/4(1+t)$の範囲にある時は，政策当局は補助金の支給，課税を行うだろう．政策当局は$c_h-d$，$d$の大小関係で，補助金と課税の割合を決めることになるだろう．$c_h-d<d$なら，政策当局はEGの活動を支持するような政策をとり，$c_h-d>d$なら，汚染排出企業を支持す

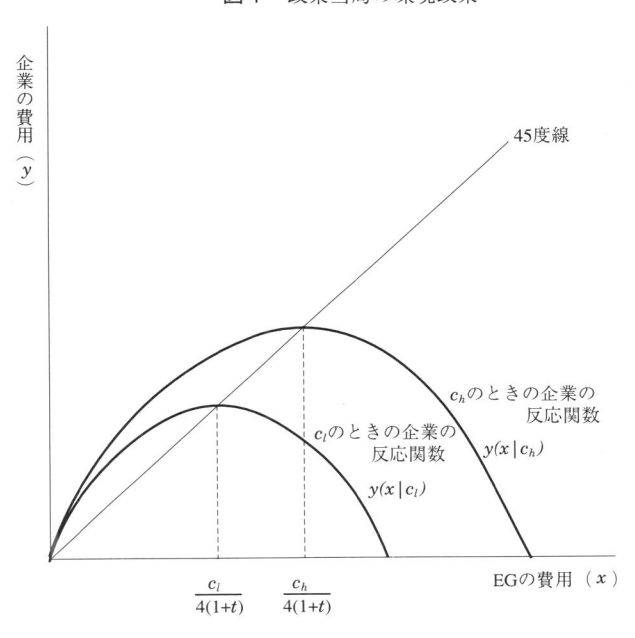

第 6 章 環境保護団体の活動を用いた環境政策の有効性 123

**図 4　政策当局の環境政策**

縦軸: 企業の費用（$y$）
横軸: EGの費用（$x$）

45度線

$c_h$のときの企業の反応関数　$y(x|c_h)$

$c_l$のときの企業の反応関数　$y(x|c_l)$

$\dfrac{c_l}{4(1+t)}$　$\dfrac{c_h}{4(1+t)}$

ることもありうるかもしれない．命題 2 として政策当局の行動がまとめられる．

**命題 2**　企業の環境保護対策費用 $c_i$ が環境破壊防止より避けられる損失 $d$ より大きい時，EGが勝訴すると $c_h - d$ 分の損失が生じることになるが，社会的損失削減を望む政策当局は企業の裁判費用に対して課税しない可能性がある．

次に，政策当局の最適化問題が検討される．最初に，社会的損失が最小になるケースを検討する．社会的損失が最小になるケースは次の要件が満たされている場合である．EG，企業は裁判を行わず，企業が環境保全活動を行う状況が想定される．裁判費用が $x = y = 0$ で，企業の環境保護保全活動が cost-efficient な時を考慮するなら，最小の期待社会的損失は $ad + (1-a)c_l$（$c_h > d > c_l > 0$ より）になる．本章では，汚染排出企業の環境保護費用は汚染企業の

私的情報と仮定しているので，最小の期待社会的損失より大きい期待社会的損失が考察されることになる．その際，最小の期待社会的損失の結果を基準にして，社会的損失関数が以下のように示される．

$$SL = ap(x(s,t), y(t, x(s,t)|c_h))(c_h - d)$$
$$+ (1-a)(1-p(x(s,t), y(t, x(s,t)|c_l))d$$
$$+ (1-\lambda t)[ay(t, x(s,t)|c_h) + (1-a)y(t, x(s,t)|c_l)]$$
$$+ (1+\lambda s)x(s,t) \qquad (14)$$

(14)式の右辺は以下のように構成されている．第1，2行目は訴訟終了後に生じる社会的損失の期待値で，政策当局の政策の成果の程度を表すものである．第1，2行目の式は以下のように理解できる．第1行目は，$c_i = c_h$ の下で EG が勝訴し，企業が敗訴する確率が $ap(x(s,t), y(t, x(s,t)|c_h))$ で示され，$c_i = c_h$ の下で EG が勝訴し，企業が敗訴する場合の損失 $c_h - d$ 分が生じる期待値である．第2行目では，$c_i = c_l$ の下で EG が敗訴し，企業が勝訴する確率が $(1-a)(1-p(x(s,t), y(t, x(s,t)|c_l)))$ で与えられ，$c_i = c_l$ の下で EG が敗訴し，企業が勝訴する場合の損失 $d$ が生じる期待値である．第3行目では，$ay(t, x(s,t)|c_h) + (1-a)y(t, x(s,t)|c_l)$ が企業の環境訴訟において費やすコストの期待値，$\lambda t[ay(t, x(s,t)|c_h) + (1-a)y(t, x(s,t)|c_l)]$ は，政策当局が企業に課税により生ずる政策当局の収入を表している．第4行目では，EG の環境訴訟に必要な費用と政策当局が EG に対して支給する補助金，または，政策当局の支出を表している．$\lambda$ は税制度の効率性を示すパラメータで，$\lambda > 0$ とする．政策当局が企業から $ty$ を税として徴収するとき，また，EG に補助金 $sx$ を支給するとき，租税制度の非効率から，徴収される税，支給される補助金は $\lambda t y$，$\lambda s x$ になり，$\lambda$ の値が1から離れているほど非効率であることが仮定される．(14)式は $s, t$ に対して凸で，2階までの連続な偏導関数を持つと仮定する．政策当局は $s, t$ を変化させることで，$p(x(s,t), y(t, x(s,t)|c_h))$，$p(x(s,t), y(t, x(s,t)|c_l))$ を変え，EG，企業の行動を変化させる．社会的損失を最小限に抑える政府が直面する問題は以下の式を解くことで最適な $s^*, t^*$ が決まる．

$$\min_{s,t} SL(s,t) \qquad (15)$$

Heyesモデルでは，環境規制政策において，企業に対して政府が直接関わっていないケース，$t=0$の場合の社会的損失を考察しているが，本章では，政策当局が$t$を政策手段として活用するケース，企業に政策当局が直接関与するケースを分析するので，$t\neq0$の場合を含めた社会的損失を考察する．$t=0$, $t\neq0$のケースにおける(15)式の最小化問題を解くことにより，それぞれのケースの最適解 $(s^*, t^*)$, $(s^{**}, 0)$ が求まる．

社会的損失を改善する政策当局の環境政策は，以下の手続きを行うことにより求められる．(14)式は$s$, $t$に対して凸で，2階までの連続な偏導関数を持つと仮定する．内点解が想定されるとき(15)式の解は

$$\frac{\partial SL(s^*, t^*)}{\partial s} = a\left(\frac{\partial p(s^*, t^*|c_h)}{\partial x}\frac{\partial x}{\partial s} + \frac{\partial p(s^*, t^*|c_h)}{\partial y}\frac{\partial y}{\partial x}\frac{\partial x}{\partial s}\right)(c_h - d)$$

$$- (1-a)\left(\frac{\partial p(s^*, t^*|c_l)}{\partial x}\frac{\partial x}{\partial s} + \frac{\partial p(s^*, t^*|c_l)}{\partial y}\frac{\partial y}{\partial x}\frac{\partial x}{\partial s}\right)d$$

$$+ (1-\lambda t)\left(a\frac{\partial y(s^*, t^*|c_h)}{\partial x}\frac{\partial x}{\partial s} + (1-a)\frac{\partial y(s^*, t^*|c_l)}{\partial x}\frac{\partial x}{\partial s}\right)$$

$$+ \lambda x(s^*, t^*) + (1+\lambda s^*)\frac{\partial x}{\partial s}$$

$$= 0 \qquad (16)$$

$$\frac{\partial SL(s^*, t^*)}{\partial t} = a\left(\frac{\partial p(s^*, t^*|c_h)}{\partial x}\frac{\partial x}{\partial t} + \frac{\partial p(s^*, t^*|c_h)}{\partial y}\frac{\partial y}{\partial t} + \frac{\partial p(s^*, t^*|c_h)}{\partial y}\frac{\partial y}{\partial x}\frac{\partial x}{\partial t}\right)(c_h - d)$$

$$- (1-a)\left(\frac{\partial p(s^*, t^*|c_l)}{\partial x}\frac{\partial x}{\partial t} + \frac{\partial p(s^*, t^*|c_l)}{\partial y}\frac{\partial y}{\partial t} + \frac{\partial p(s^*, t^*|c_l)}{\partial y}\frac{\partial y}{\partial x}\frac{\partial x}{\partial t}\right)d$$

$$- \lambda[ay(s^*, t^*|c_h) + (1-a)y(s^*, t^*|c_l)]$$

$$+ (1-\lambda t)\left[a\left(\frac{\partial y(s^*, t^*|c_h)}{\partial t} + \frac{\partial y(s^*, t^*|c_h)}{\partial x}\frac{\partial x}{\partial t}\right) + (1-a)\left(\frac{\partial y(s^*, t^*|c_l)}{\partial t}\right.\right.$$

$$\left.\left.+ \frac{\partial y(s^*, t^*|c_h)}{\partial x}\right)\right] + (1+\lambda s^*)\frac{\partial x}{\partial t}$$

$$= 0 \qquad (17)$$

$(p(s, t|c_i) = p(x(s, t), y(t, x(s, t)|c_i), y(s, t|c_i) = y(t, x(s, t)|c_i))$を満たす

$s^*$, $t^*$で与えられる．また，$SL$ が $s^*$, $t^*$で極小になる条件は，

$$SL_{ss}>0 \text{かつ} \begin{vmatrix} SL_{ss} & SL_{st} \\ SL_{ts} & SL_{tt} \end{vmatrix} >0$$

である．

(16), (17)式の含意をみてみよう．(16)式の第1, 2行目では，補助金の変化が政策当局の環境政策の質的水準（政策の成果）に与える影響を表している．第3行目では，企業の訴訟費用の期待値に与える影響と政策当局の収入への影響，第4行目では，EGが行う環境保護運動の費用，政策当局の支出への影響を表している．(17)式の第1, 2行目では，課税の変化による環境政策の質的水準への影響，第3, 4行目では，企業の訴訟費用の期待値に与える影響と政策当局の収入への影響，第5行目では，EGが行う環境保護運動の費用と政策当局の支出への影響を表している．

$t=0$ の場合，(15)式の解は，

$$\begin{aligned}\frac{\partial SL(s^{**},0)}{\partial s} &= a\left(\frac{\partial p(s^{**},0|c_h)}{\partial x}\frac{\partial x}{\partial s}+\frac{\partial p(s^{**},0|c_h)}{\partial y}\frac{\partial y}{\partial x}\frac{\partial x}{\partial s}\right)(c_h-d)\\ &\quad -(1-a)\left(\frac{\partial p(s^{**},0|c_l)}{\partial x}\frac{\partial x}{\partial s}+\frac{\partial p(s^{**},0|c_l)}{\partial y}\frac{\partial y}{\partial x}\frac{\partial x}{\partial s}\right)d\\ &\quad +\left(a\frac{\partial y(s^{**},0|c_h)}{\partial x}\frac{\partial x}{\partial s}+(1-a)\frac{\partial y(s^{**},0|c_l)}{\partial x}\frac{\partial x}{\partial s}\right)\\ &\quad +\lambda x(s^{**},0)+(1+\lambda s^{**})\frac{\partial x}{\partial s}\\ &=0 \end{aligned} \quad (18)$$

を満たす $s^{**}$ で与えられる．次に，$(s, t) = (s^*, t^*)$，$(s^{**}, 0)$ を(14)式に代入し，$SL(s^*, t^*)$ と $SL(s^{**}, 0)$ の内どちらが社会的損失が小さいかを比較すればよい．

(14)式に(1), (3), (8)式を代入すると，(14)式は以下のようになる．

$$\begin{aligned}SL &= a\frac{x}{x+y}(c_h-d)+(1-d)+(1-a)\frac{y}{x+y}d \\ &\quad +(1-\lambda t)\left[a\left(a\sqrt{\frac{c_h}{1+t}}-x\right)+(1-a)\left(a\sqrt{\frac{c_l}{1+t}}-x\right)\right]\end{aligned}$$

$$x + \lambda sx$$

$$= a\frac{x}{\sqrt{\frac{c_h x}{1+t}}}(c_h - d) + (1-a)\frac{\sqrt{\frac{c_l x}{1+t}} - x}{\sqrt{\frac{c_l x}{1+t}}}d$$

$$+ (1-\lambda t)\sqrt{\frac{(1+t)x}{c_h}}[a(\sqrt{c_h} - \sqrt{c_l}) + \sqrt{c_l}] + \lambda tx + \lambda sx$$

$$= A\frac{\sqrt{1+t}}{(1-s)}$$

$$\left\{ a\sqrt{\frac{1+t}{c_h}}(c_h - d) + (a-1)\sqrt{\frac{1+t}{c_l}}d + \frac{1-\lambda t}{1+t}[a(\sqrt{c_h} - \sqrt{c_l}) + \sqrt{c_l}] + A\lambda\frac{(s+t)}{(1-s)}\sqrt{1+t} \right\}$$

$$+ (1-a)d$$

$$= A\frac{(1+t)}{(1-s)}$$

$$\left\{ a\frac{c_h - d}{\sqrt{c_h}} + (a-1)\frac{d}{\sqrt{c_l}} + \frac{1-\lambda t}{1+t}[a(\sqrt{c_h} - \sqrt{c_l}) + \sqrt{c_l}] + A\lambda\frac{(s+t)}{(1-s)} \right\}$$

$$+ (1-a)d$$

ここでは,

$$A = \frac{d}{2}\left(\frac{a}{\sqrt{c_h}} + \frac{(1-a)}{\sqrt{c_l}}\right)$$

とおく．計算を容易にするため定数項の部分を省略し，関数 $SL(s,t)$ を次の式で置き換えて最小化問題が検討される．

$$\begin{aligned} SL(s, y) &= \frac{1+t}{1-s}\left(\frac{1-\lambda t}{1+t} + \frac{\lambda(s+t)}{1-s}\right) \\ &= \frac{1-s+\lambda s + 2\lambda st + \lambda t^2}{(1-s)^2} \end{aligned} \quad (19)$$

$SL$ を最小にする補助金率，課税率の水準は次の一階の条件より求められる．

$$\frac{\partial SL(s^*, t^*)}{\partial s} = 0 \quad (20)$$

$$\frac{\partial SL(s^*, t^*)}{\partial t} = 0 \qquad (21)$$

(20), (21)式から,

$$s^* = \frac{(1-\lambda)-2\lambda t(t+1)}{\lambda(2t+1)-1}, \qquad t^* = -s^*$$

$$s^* = 1, \qquad t^* = -1 \qquad (22)$$

がえられる．(19)式を最小にする $s^*$, $t^*$ が求められたが，以下のような解釈が与えられるだろう．EG が原告である環境訴訟において，政策当局は EG，企業ともに補助金を支給する場合があることが示される．しかし，両者に補助金を支給することは，訴訟の長期化の原因になり，環境訴訟を利用した環境政策の実現が困難になるであろう．環境訴訟における政策当局の補助金・課税政策には最良な補助金率・課税率の水準が存在しないと理解されるであろう．

$t = 0$ の時の政策当局の最適化問題を考察する．(19)式より，

$$\frac{\partial SL(s, 0)}{\partial s} = \frac{\lambda+1+\lambda s-s}{(1-s)^3} = 0 \qquad (23)$$

になる．$t = 0$ の時，$SL$ を最小にする $s^{**}$ は(19)より，

$$s^{**} = \frac{1+\lambda}{1-\lambda} \qquad (24)$$

になる．λ は税制度の効率性を示すパラメータで，$\lambda > 0$ と仮定されている．EG に対する補助金率は λ に依存する．$t = 0$ の時は，政策当局は EG に対して補助金を支給し，企業に対しては非課税にする．最適な補助金率は，λ に依存することになる．

## 4．おわりに

EG の企業に対する環境訴訟が環境破壊防止対策として有効であることが近年認識されてきた．アメリカ合衆国では，1970年前後から環境保護運動が環境規制政策の決定過程で無視できない要因になっている．久保（1997）が「環境

保護団体の弁護士やロビイストが行政部における規制作成過程，議会での公聴会やロビーイング，裁判所の訴訟活動に常時参加できる態勢を整えている」と述べていることから[5] 環境団体の活動は環境保護政策決定メカニズムの不可欠な要素であることが窺える．

本章では，環境保護団体の汚染物質を排出する企業に対する環境訴訟を政策当局が活用することにより，環境汚染抑制の可能性を検討してきた．企業の方が EG より組織，資金面で優位な場合，企業に対して政策当局は環境破壊防止に反する活動を規制することが仮定された．しかし，政策当局が環境訴訟を利用して環境政策を実施する時，Heyes が指摘したように，政策当局は企業の環境汚染防止対策費用に関する情報を持っていないので，誤った政策をとれば，社会的な損失を増やす恐れがある．環境破壊防止のために，政策当局が環境団体に補助金を交付し，企業に税を課すことは社会厚生の改善にならないことが（特定の場合に関してだが）明らかにされた．さらに，政策当局の補助金・課税政策において最適な補助金率・課税率は存在しない可能性があることが指摘された．政策当局が環境訴訟を利用して環境保全対策を講じる時，補助金・課税を用いた手段を活用するだけでなく，その他の手段の活用，例えば公害防止協定を用いることが検討される必要がある．

## 注

1) ここで定義した $p(x,y)$ は logit function と呼ばれる関数の特殊である．Baik と Shogren (1994), Dixit (1987), Tullock (1980)を参照．
2) モデルでは企業の目的関数は $t=0$ で定義されている．
3) 本章における環境保護団体が，NPO 法（特定非営利活動促進法）で認定された団体であるなら，環境保護団体に対して助成金，税制上の優遇措置が講じられる可能性がある．
4) ここで求められた解は，情報の経済学で用いられる分離均衡である．
5) 久保（1997）11頁を参照．

## 参考文献

Baik, K. and J. F. Shogren (1994), "Environmental Conflicts with Reimbursement for Citizen Suits," *Journal of Environmental Economics and Management* (27), pp.1-20.

Dixit, A. (1987), "Strategic Behaviour in Contests," *American Economic Review* (77), pp. 891-898.

Heyes, A. G. (1994), "The Economics of Strict and Fault-based Environmental Liability," *European Environmental Law Review* 3 (10), pp.294-296.

Heyes, A. G. (1997), "Environmental Regulation by Private Contest," *Journal of Public Economics* (63), pp.407-428.

久保文明 (1997)『現代アメリカ政治と公共利益—境保護をめぐる政治過程—』東京大学出版会

Laffont, J. J. and J. Tirole (1993), *A Theory of Incentives in Procurement and Regulation*, MIT Press, Cambrige, MA.

Naysnerski, W. and T. Tietenberg (1992) "Private Enforcement of Federal Environmental Law," *Land Economics* (68), pp.28-48.

Shavell, S. (1982), "The Social vs Private Incentive to Bring Suit in a Costly Legal System," *Journal of Legal Studies* (11), pp.333-339.

Tullock, G. (1980), "Efficient Rent Seeking," in J. Buchanan, R. Touison, and G. Tullok eds., *Toward a Theory of the Rent-Seeking Society*, Texas A & M University Press, College Statoin, pp.97-112.

植草益 (1997)『社会的規制の経済学』NTT 出版

# 第 7 章

# タイの環境関連プロジェクトと金融システム

## 1. はじめに

　環境問題への関心が国内外で高まっている．1992年に，国連環境開発会議（UNCTAD／地球サミット）が開催され，アジェンダ21が採択されたが，この地球サミットをフォローアップするため，95年，国連経済社会理事会の下部組織として持続可能な開発委員会（CSD）が設立されることになった．また，アジア・太平洋地域においても，環境大臣等による政策対話の場としてアジア・太平洋環境会議が，開催されるようになった．
　この流れの中で，日本への期待も高まった．これに応えるがごとく，国内において，地方公共団体の役割を核とした「アジェンダ21」の効果的な実施を検討する一方で，アジア・太平洋地域の環境保全への協力も行うようになった．さらに，1997年6月，地球サミットの成果の実施状況を評価・審査するため，国連開発特別総会（UNGASS）が，また，同年12月には，気候変動枠組条約第3回締約国会議（地球温暖化防止京都会議）が開催された．地球温暖化防止京都会議では，日本が議長国を務め，先進国について拘束力のある排出削減目標を定めた「京都議定書」が採択された．
　『環境白書　平成10年版』によれば，開発途上地域に対する環境分野の政府

開発援助 (ODA) は1992年から96年の累積で約1兆4400億円と, 地球サミットでの公約 (9,000億円～1兆円) を上回った.[1] その基本方針は, 97年に発表された「21世紀に向けた環境支援構想 (ISD)」によって示されているように, ①「東アジア酸性雨モニタリングネットワーク」の推進や汚染対策技術の移転促進等による大気汚染及び水質汚濁対策, ②開発途上国への省エネルギー技術移転の促進等による地球温暖化対策, ③「生物多様性保全構想」,「サンゴ礁保全ネットワーク」及び「持続可能な森林経営の推進・砂漠化防止協力の強化」による自然環境保全のほか, ④「水」問題への取組, ⑤環境意識向上の支援, ⑥持続可能な開発へ向けての戦略研究の推進が, 主要対象となっている.

本稿の目的は資金面を中心にアジア諸国の環境保全政策について基礎的な考察を行うことにあるが, タイの事例を中心にして, 国内外の資金を効果的に使用するシステムのあり方を論じることにする. そのため, まず, 第2節において, アジア諸国の環境悪化の程度と政策スタンスを展望する. 次に, 第3節において, 外資とくに日本資金によって実施されている環境関連プロジェクトを個別に検討した後, 第4節において, プロジェクトを効果的に推進する資金チャンネルと公的金融機関の役割について考察する. そして, 最後に, 若干のまとめと提案を行うことにする.

## 2. アジア諸国の環境問題

アジア諸国は, 空気, 水資源, 土壌汚染や森林破壊などの環境悪化に苦しんでいる. 本節では, アジア開発銀行の報告書を参考にして, アジア諸国の環境悪化の要因とそれを緩和する環境政策を展望することにする.[2]

### 2.1 環境悪化の要因とコスト

環境を悪化させた要因として, 人口増加及び貧困問題, また, 経済成長, 市場の失敗, 環境政策の不適切性をあげることができる. しかし, 人口増加と貧困の要因は, それだけで環境を悪化させるわけではない. そこで, 経済成長,

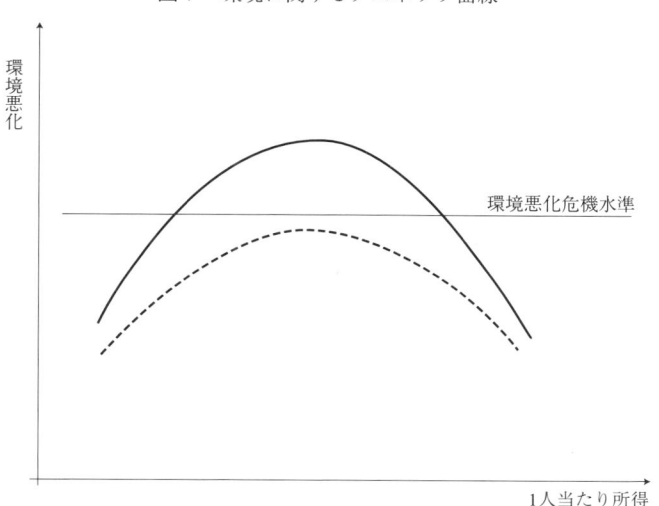

図1 環境に関するクズネッツ曲線

（資料）ADB, Emerging Asia, 1977, p.214.

政策の失敗，市場の失敗の諸要因と環境悪化との関係を見てみる必要性が生じる．

　第1に，所得と環境の関係を，図1のクズネッツ曲線によって表わすことができる．図の逆U字型は，経済発展につれて環境は悪化するが，ある所得水準に到達すると環境が改善されることを示している．すなわち，工業化が始まると農業は集約的な生産形態に変わり，水質の悪化など環境は破壊される．しかし，人々の所得水準が高まるのにつれ，環境問題への意識と環境保全のための支払能力を高める．その結果，環境規制を容易にし，環境が改善されるというメカニズムが存在することを示唆している．

　実際，バンコク，ソウル，シンガポールにおいて環境破壊のスピードが経済成長を超えているのと対照的に，先進諸国では環境は却って改善されている．問題は，環境破壊を食い止めるのには，どの程度の所得水準が必要であるのかである．汚染の程度が下落するのは，一人当り所得が，5,000～6,000ドルを超える水準であると見做すことができる．このことから，東アジアと東南アジア

のうち高所得国は20〜30年間で環境が改善されようが,反対に南アジア及び東南アジアのうち低所得国では悪化するものと予想せざるを得ない.

　第2に,市場の失敗と環境政策の失敗の問題はどうであろうか.市場の失敗は,所有権が確立されていないが故に,資源の価格付けを難しくしている.たとえば,木材の伐採が無料であれば,その分,森林破壊による社会費用が生じる.また,仮に,所有権があったとしても,化学工場の汚水の流出が正確に価格に反映されないという問題が存在する.

　他方,環境政策の失敗は,(1)民間部門の行動に見られる.水の供給,下水設備などの環境サービスを全て政府にまかせ,民間部門がほとんど環境サービスを提供しないというのが,実情である.政府主導型,トップ・ダウン方式の意志決定方式が,環境サービス需要に対する適切な対応を難しくしている.(2)設備及び運転資金の不足によって,公共部門の環境改善政策が失敗するのも,一つの例である.資金不足の問題は,政府が使用者に対して正確にコストの負担を強いなかったこと,また環境以外の目的に負担資金を使ったことによる.(3)先進諸国の環境政策をそのまま取り入れるのも,自国にとって不適切な政策を実施することになる.

　環境政策の失敗と市場の失敗の典型的な例は,水の供給,汚染,森林資源の管理に見られる.たとえば,潅漑等に無料で補助を行っているケースも見られるが,それが状況を悪化させている.というのも,補助金の恩恵を受けているのが富裕な水資源利用者であって,貧困な人々が補助金の恩恵も受けていないばかりかコストの負担のみ強いられているケースが見られるからである.その上,政府当局の行政効率の悪さが重なりあえば,状況を一層悪化させることになる.

　環境悪化は,経済と社会に大きなコストを課すことになる.コストには,経済的なものと非経済的なものが含まれるが,このまま放置すると経済コストはGDPの5〜9％にも上ると推計され,やがて経済成長を妨げることになる.それにもかかわらず,環境投資が少ない理由は,環境コストを軽視していること,また便益とコストの測定手段が不明確であることによる.

環境インフラのコストに関し，世銀が1983～92年を対象期間としたコスト・ベネフィット分析を行っている．この調査によれば，インフラ投資が生む収益率は，道路が29％，通信が19％，電力が11％であるのに比べて，水の供給，汚水処理，下水整備など環境関連のインフラ投資の収益率は6～9％にすぎない．これが，環境関連投資を押さえる一因となっている．しかも，ビルに対する電力供給や道路のような経済投資が環境を悪化させることもあり得るはずなのに，それを軽視し，収益を過大評価してしまっていること．また，その反対に，水道，下水設備が人々の健康を増進し，その結果，経済成長を押し上げるという側面を過小評価していること，これらの問題点が見逃されている．いずれにしても，図1が示しているように，環境悪化がある水準を超えると，回復は難しくなる．その逆に，適切な政策がとられると，破線のように，環境悪化の程度を低めることができる．

## 2.2 環境改善政策

環境悪化を緩和する政策手段として，以下の提案がなされている．第1に，より柔軟な政策アプローチによって，環境を改善する可能性である．これまで，政府主導型の環境政策が実施されてきたが，それを機能させるためには厳密なコンプライアンス（法令遵守）が前提となる．しかし，コンプライアンス態勢の確立が難しい現況の中で，政府主導型の政策決定に代わる方法は，環境改善コストを念頭に置いた民間補完型，市場補完型政策以外に見当らない．その理由は，先進諸国が採用している生産過程に課す負担金や頭金払い戻しシステムを，アジア諸国が直ちに実施することは難しいが，国際化の進展につれて，大企業等を中心に，国際基準を遵守せざるを得ない状況になっているからである．したがって，民間部門の自助努力を公共部門がモニタリングするシステムを確立する方が，政府自ら詳細な情報を集め規制政策を行うよりも，早道であると考えることができる．

第2に，所有権の明確化である．所有権の確立がコスト意識の基盤となるだけに，基本的に，全てを民間に委譲するのが望ましい．但し，伝統的，慣習的

に公共の利害がかかわっている場合，また全国的な規模で影響を及ぼすような自然資源の場合には，民間に譲渡する条件が整うまでは，政府が所有せざるを得ない．さらに，村の森林ないし漁場のようにコミュニティの利権が絡む場合には，社会的規制が必要になる．

第3に，誤った補助金政策を廃止することである．国連食料農業機構（FAO）の推定によれば，世界的に見て，環境に有害な補助金コストは年額で5,000億ドルを超え，アジアはその3分の1を占めている．誤った補助金の主な例は，水，エネルギー，農業化学関連の補助金に見られるが，過剰設備投資をもたらすことになる．たとえば，アジア諸国の農業用灌漑の場合，水の引き入れ経費の80〜90%（OECDは40%）相当分の補助を行っている．この過剰な補助金政策の廃止によって，灌漑費用を10%程度引き上げ，農業向けの水の需要を減少させる一方，居住及び産業向けの需要を倍増させることができる．しかも，アジア諸国の水の供給から得られる収益は，コストの35%をカバーしているのにすぎない．この推計が示唆しているように，農業部門の水供給に係わる補助金を減らす必要がある．

第4に，一定の予算額の下で，効率的な環境投資を実践するため，エネルギー関連投資，大都市の汚染処理投資などの重点領域を定める必要がある．

第5に，環境政策目的を分野別に明示することである．一口に森林と言っても，それほど重要なインパクトを持たない森林地，特定の地域において外部性を持つ森林地，河川流域など広い範囲にわたって重要な森林地と3つの型に分けることができる．そこで，森林地の分類基準を定めた上で，公共性の高い森林を国家所有，公共性が特定の地域に限られた森林をコミュニティ所有，その他の森林を土地なし農民及び意欲的な耕作者所有とする政策を実施する必要がある．一方，水資源に関しては，水資源使用協会を強化する方法やガイドラインシステムを確立する方法が考えられる．さらに，エネルギーに関しては，補助金及び価格の歪みを除くことが先決となる．とくに電力の場合，効率的な供給にとって民営化が不可欠であるが，民営化プロセスを明示する必要がある．

第6に，政策遂行機能を高めることである．その一つの手段が，政府と，民

間部門，NGO，地域社会間の分業体制の確立である．どこがとくに責任を持つのかは対象分野によって異なる．河川流域であれば州政府が，自動車の排気ガス規制に関しては市当局が責任を持つなど，分権化を実現する必要がある．その際，推進プロジェクトを評価するため，第3者がプロジェクトの監査，検査過程に参加することが前提となる．

## 3．タイのプロジェクトと日本資金

環境を改善するためには，人々の所得を高め，環境保護に対する関心を引き付ける必要がある．アジア諸国において環境が悪化した理由は，(1)急成長が環境に与えるインパクトを無視したこと，(2)あまりにも多くの先進国の環境改善手段を模倣したことから分かるように，環境政策を遂行する制度的な能力に欠けていることによる．この状況を打開するためには，コンプライアンスを重視した有効な環境管理，すなわち，経済成長の果実と環境管理を直結する市場メカニズム尊重型の政策が必要となる．外国資本，国内資本双方の効果的な利用にとって，新しい型の環境政策，また市民の参加とそれを支援する中央・地方政府の支援が不可欠となる．

### 3.1 環境関連プロジェクト

表1は，アジア及び太平洋地域の環境関連必要資金を計算したものである．これによれば，2025年までの産業廃棄物，運輸，電力，農業関係の必要額がとくに増加する見込みである．クズネッツ曲線が示唆しているように，タイなどアセアン諸国と南アジアの大部分の国々は環境破壊のスピードが経済成長を上回るものと推定されるだけに，先進国の公的資金による環境関連インフラ構築に対する役割に期待がかかることになる．

タイに対する資金の流れは，表2の通りである．経済協力には，①有償資金協力（円借款），無償資金協力，技術援助，二国間贈与（無償資金協力と技術援助）によって構成される政府開発援助（ODA），②輸出信用，直接投資金融

表1 アジア及び太平洋地域の環境関連必要資金 (1991-2025年)

(百万ドル.1990年価格)

| 分野 | 1991 | 1995 | 2000 | 2005 | 2010 | 2015 | 2020 | 2025 | 平均増加率(年率%) |
|---|---|---|---|---|---|---|---|---|---|
| 水供給 | 5,941 | 6,919 | 8,924 | 10,306 | 11,840 | 13,291 | 14,689 | 16,017 | 3.0 |
| 公衆衛生 | 3,008 | 3,340 | 4,187 | 4,762 | 5,404 | 6,010 | 6,595 | 7,150 | 2.6 |
| 人口 | 4,233 | 4,568 | 5,027 | 5,421 | 5,818 | 6,194 | 6,555 | 6,899 | 1.4 |
| 教育 | ―― | 2,249 | 2,486 | 2,993 | 3,394 | 3,774 | 4,140 | 4,487 | 3.4 |
| 農業 | ―― | 1,738 | 2,537 | 2,995 | 3,553 | 4,232 | 5,059 | 6,065 | 8.6 |
| 運輸 | ―― | 1,875 | 8,817 | 13,390 | 14,806 | 16,096 | 17,499 | 19,054 | 15.0 |
| 産業廃棄物 | ―― | 1,564 | 9,039 | 20,781 | 26,616 | 32,460 | 39,482 | 48,026 | 19.5 |
| 生物多様性 | 67 | 67 | 67 | 67 | 67 | 67 | 67 | 67 | 0.0 |
| 森林 | 3,701 | 3,701 | 3,701 | 3,701 | 3,701 | 3,701 | 3,701 | 3,701 | 0.0 |
| 電力 | ―― | 6,679 | 19,376 | 40,969 | 63,216 | 82,521 | 101,979 | 5,550 | 12.9 |
| 酸性雨 | 407 | 512 | 684 | 887 | 1,140 | 1,447 | 1,822 | 2,278 | 5.2 |
| 気候 | 5,365 | 5,365 | 5,465 | 5,365 | 5,365 | 5,365 | 5,465 | 5,365 | 0.0 |
| 合計 | 22,723 | 38,577 | 70,212 | 111,637 | 144,921 | 175,160 | 207,953 | 244,660 | 7.2 |

(資料) ADB, Emerging Asia: Changes and Challenges, 1997, p.259.

表2 対タイ資金の流れ (単位:100万ドル)

| | 1993 | 1994 | 1995 | 1996 | 1992~96 |
|---|---|---|---|---|---|
| 政府開発援助(ODA) | 611.1 | 578.2 | 865.1 | 831.6 | 3,656.9 |
| 2国間 | 560.1 | 536.9 | 820.4 | 796.3 | 3,403.1 |
| 内日本 | 350.2 | 382.6 | 667.4 | 664.0 | 2,478.2 |
| OOF | 393.2 | 383.1 | 1,385.7 | 1,240.8 | 3,350.4 |
| PF | 1,527.8 | 6,360.6 | 5,813.4 | 6,489.6 | 23,135.7 |
| 合計 | 2,532.0 | 7,321.9 | 8,064.1 | 8,562.0 | 30,142.8 |

(資料) 海外経済協力基金編『海外経済協力便覧1998』

等,国際機関に対する融資等によって構成されるその他政府資金 (OOF), ③輸出信用,直接投資,その他二国間証券投資等,国際機関に対する融資等によって構成される民間資金がある.

表2から,(1)1993年以降96年まで,民間資金の流れと公的資金の中でも経済活動に係わるOOFが急速に拡大していること,(2)対照的にODAの伸びが低

いこと，しかし，(3)ODA のほとんどが二国間援助であり，その大部分が日本の二国間援助であることが分かる．また，日本の二国間援助の地域別配分[3]は，総額41億4470万ドルの内，アジア地域が49.6％であった．同様に，北東アジア10.4％，東南アジア22.2％（アセアン20.3％），南西アジア15.8％であった．ちなみに，96年段階の対タイ ODA 6億6400万ドルは，同年の日本の二国間 ODA 総額41億4700万ドルの16.0％を占めたが，93年以降，日本が第1位となっている．

1990年頃からの対タイ環境関連援助は，以下のプロジェクトを主な対象としている．[4] まず，技術協力として，「下水道研修センター（1995-2000年度）」及び「バンコク都市環境改善計画（1994-96年度）」が実施されている．また，無償資金協力として，「環境研修所センター設立計画（1989年7月21日締結，14億5200万円．90年8月13日締結，金額8億6200万円）」，「環境報告フォーラム支援計画（1990年，12月4日締結，金額600万円）」，「環境研修所センター設立計画（1990年，8月13日締結，金額8億6200万円）」が実施されている．

この内，「タイ環境研究研修センター」プロジェクトは，バンコクへの大量の人口集中がもたらした交通渋滞などを緩和するため，1975年制定の国家環境保全法によって始められたプロジェクトである．しかし，その後，実効性を高める目的から，タイ側で，83年に，タイ環境研究研修センター（ERTC）設立計画を策定した．ERTC の主要業務は，天然資源と環境管理，環境サンプルの標準解析手法の開発等に関する研究，技術移転を行うことにあり，日本に対して協力依頼を行った．それを受けて，日本側で，87年に「タイ国環境研究研修センター基本計画」をとりまとめ，技術協力が開始されることになった．日本政府は，JICA を通じ，日本人専門家の派遣，機械・装置の提供等を行い，センターを技術的に支援している．しかし，技術協力及び無償協力の援助金の規模は相対的に小さい．

大規模な環境事業に関しては，「環境保全基金支援事業」及び「環境保護促進計画」，また「地方農村開発信用事業」への有償資金協力が行われている．この内，「環境保全基金支援事業」に対しては，1993年9月22日に金額112億円

の援助締結が行われた．同様に，「環境保護促進計画」に対しては，93年1月29日と97年9月30日に，それぞれ，金額3,000万円と5,000万円の締結が行われている．

とくに重点が置かれているのが「地方農村開発信用事業」であって，1993年1月29日に金額28億3700万円の協力が締結（第17次円借款）されたのを皮切りに，93年9月22日に金額35億3200万円（第18次円借款）の第2次協力，95年9月12日に金額83億5000万円（第20次円借款）の第3次協力，96年9月27日に金額42億2800万円（第21次円借款）の第4次協力，97年9月30日に金額123億円（第21次円借款）の第5次協力が締結された．5次にわたる地方農村開発事業への援助は，長期・低利資金を融資することによって，低所得農民の農業生産の効率化，所得向上，生活水準の改善のための設備投資を促進することを目的としている．とくに重視されているのは，植林及び環境関連施設プログラム向けのローンである．[5]

### 3.2 市民の参加

しかし，問題は，地域の住民が参加する形の組織が存在し，それが実効を上げているかどうかである．この点で，評価されるのが，「タイ環境研究研修センター」プロジェクトである．環境問題への取り組みに関し，先鞭を付けたこのプロジェクトの特徴は，(1)中央・地方政府の中・高級職員だけでなく，市民を対象とした訓練コースを通じて，教育と情報普及に貢献していること，(2)地方職員に対し，地方レベルでの環境及び人的資源開発に関する意志決定能力改善の訓練を行っていること，(3)訓練卒業生のフォロー・アップ調査を行うなど継続性を持っていることである．現在，タイは第8次国家経済社会開発5カ年計画（1996／97～2001／2002）を実施中であるが，①人的資源と教育，②競争力とインフラ整備，③生活の質と地方開発を主な目標としている．それだけに，市民と地方政府職員の訓練を通じて，地方分権化を促す「タイ環境研究研修センター」プロジェクトは重要な役割を果たしている．[6]

同様に，地方のニーズを組み入れる代表的なプロジェクトとして，前述の

「地方農村開発信用事業」の他に、「BAACローン」を取り上げることができる。これらのプロジェクトの特徴は、それぞれ、タイの政策金融機関である政府貯蓄銀行（GSB）と農業・農業協同組合銀行（BAAC）が中核的な機能を果たしていることである。地場銀行が金融仲介者であるだけに、地場のニーズを汲み取りやすいという利点がある。

「BAACローン」は、BAACを通じて、日本の資金がタイの農協、農民グループ、個人農民に貸し出されるので、ツー・ステップ・ローンと呼ばれる。1975年10月16日に最初の借款（第2次円借款）が行われて以来、91年9月18日の締結まで、11次にわたる円借款（第16次円借款）が行われている。BAACの貸出は、もともと、①農業所得の増加、②農業生産物の多様化、③農業生産物の輸出促進を目的としているが、農協の育成、農民グループ、個人農の組織化にも貢献している。農協と農民グループは、それぞれ、郡単位、タンボン単位の組織であるが、個人農の場合、資金借入時の連帯保証を条件とする。これが、5人組のような農民の自助努力を引き出す組織の形成に繋がる。自助努力を返済率に置き換えたとき、個人農の返済率が農協及び農民グループよりも高かったことは、注目に値する。[7]

最近、BAACによる組織の形成と環境への取り組みが一層強化されるようになっている。1996年に、農民クラブを設置したが、そのねらいは、(1)地域社会内の協力を高めるべく、農民の精神、行動、能力の強化を図ること、(2)自発的な農民グループの確立を急ぐこと、(3)自立を促進する地域協力を促進すること、(4)作物の開発及び付加価値を生み出すような自己学習を啓発し、市場競争力を強めることにある。さらに、BAACは、国立エネルギー局内のエネルギー保存基金の資金援助を得て、生物ガス（こやし）計画を策定している。この生化学エネルギー計画の目的は、LPG、電力を代替すると共に、汚染を減らし、また土壌を改善することにある。[8]

上述のように、無償協力の「タイ環境研究研修センター」、また、「BAACローン」及び「地方農村開発信用事業」の各プロジェクトは、地域社会、個人の環境への取り組みを重視するようになっている。しかし、今後、環境悪化が

経済成長を上回ることを想定すると，日本側の効率的な援助の継続と，タイ側での人材，技術，資金の確保の重要性が一層強まることになる．この観点から，第1に，タイ側でのプロジェクト実施機関間の適切な分業が不可欠となる．第2に，日本とタイ双方のプロジェクト実施機関の政策と効率をチェックするシステムの確立が必要になる．

## 4．タイ金融市場の整備

環境プロジェクト実施の可能性を高める条件は，第1に，適切な環境政策，第2に，経済成長である．しかし，その前提条件は，金融システムの安定である．金融システムの歪みは，家計，個人の貯蓄を自らの福祉の改善に直結させるのを妨げることになる．ここでは，外資の有効活用と国内貯蓄の動員を通じて，経済成長と環境関連プロジェクト実施可能性を高め，個人の福祉を実現する金融市場の整備の問題について論じることにする．そのため，政府金融機関の役割を中心に検討することにする．

### 4.1 家計貯蓄の伸悩み

周知のように，タイのバブルは1996年に崩壊した．ファンダメンタルズの悪化が，投機を呼び，金融危機をもたらした．これに対処すべく，97年7月2日，変動為替相場制度に移行すると共に，98年2月まで，IMF趣意書に沿った財政・金融引き締め政策を実施した．また，金融機関開発基金（FIDF）の拡充や金融部門再建局（FRA）の設立など，一連の金融制度の再生と改革を実施した．さらに，98年8月14日に，包括的金融再建策を発表し，Bangkok Bank of Thailandなど4つの銀行とDhana Siam Co.など5つのファイナンス・カンパニー（FC）を併合すると共に，3,000億バーツの公的資金を投入した．

しかし，タイの経済危機も，基本的には，外資を有効に生産活動に向けることができなかった金融システムに最大の問題がある．[9] 表3が示すように，ネットの資本流入は，1993年のバンコク・オフショア市場（BIBF）開設以降，96

第7章　タイの環境関連プロジェクトと金融システム　143

表3　タイの主要経済指標

| | 1990 | 1991 | 1992 | 1993 | 1994 | 1995 | 1996 | 1997 | 1998 | 1999 |
|---|---|---|---|---|---|---|---|---|---|---|
| GDP (1998年価格, 10億バーツ) | 2,183.5 | 2,506.6 | 2,830.9 | 3,170.3 | 3,630.8 | 4,188.9 | 4,593.3 | 4,827.2 | | |
| 実質GDP成長率 (%) | 11.2 | 8.6 | 8.1 | 8.5 | 8.9 | 8.8 | 5.5 | −0.4 | −8.0 | 1.0 |
| 一人当たりGNP (バーツ) | 38,613 | 43,655 | 48,311 | 53,593 | 60,612 | 69,047 | 74,585 | 77,246 | | |
| 消費者物価上昇率 (%) | 6.0 | 5.7 | 4.1 | 3.3 | 5.0 | 5.8 | 5.9 | 5.6 | 8.1 | 3.5 |
| 輸出増加率 (%) | 15.1 | 23.8 | 13.8 | 13.4 | 22.5 | 24.8 | −1.9 | 3.8 | −6.8 | −4.8 |
| 輸入増加率 (%) | 29.8 | 15.7 | 6.0 | 12.4 | 18.1 | 31.9 | 15.7 | 6.0 | 12.4 | 18.0 |
| 貿易収支 (10億米ドル) | −9.8 | −9.5 | −7.9 | −8.5 | −8.7 | −14.7 | −16.1 | −4.6 | 12.2 | 0.8 |
| ネット資本移動 (10億米ドル) | 9.7 | 11.3 | 8.1 | 10.5 | 12.2 | 21.9 | 19.5 | −9.1 | −9.6 | |
| 民間部門 (10億米ドル) | 11.0 | 10.3 | 8.0 | 10.3 | 12.0 | 20.8 | 18.2 | −8.1 | −15.6 | |
| 公共部門 (10億米ドル) | −1.2 | 1.0 | 0.1 | 0.2 | 0.2 | 1.1 | 1.3 | 1.6 | 2.0 | |
| 国際収支 (10億米ドル) | 3.8 | 4.2 | 3.0 | 3.9 | 4.2 | 7.2 | 2.2 | −10.6 | 1.7 | |
| 外貨準備高 (10億米ドル) | 14.3 | 18.4 | 21.2 | 25.4 | 30.3 | 37.0 | 38.7 | 27.0 | 29.5 | |
| 負債残高 (10億米ドル) | 29.3 | 37.9 | 43.6 | 52.1 | 64.9 | 82.6 | 90.5 | 93.4 | 86.2 | |
| 民間部門 (10億米ドル) | 17.8 | 25.1 | 30.5 | 37.9 | 49.2 | 66.2 | 73.7 | 69.1 | 54.7 | |
| 公共部門 (10億米ドル) | 11.5 | 12.8 | 13.1 | 14.2 | 15.7 | 16.4 | 16.8 | 24.3 | 31.5 | |
| デッド・サービス・レシオ (%) | 10.8 | 10.6 | 11.3 | 11.3 | 11.7 | 11.4 | 12.2 | 15.6 | 21.2 | |
| 財政収支尻 (10億米ドル) | 103.3 | 123.7 | 85.9 | 68.9 | 65.8 | 112.5 | 104.3 | −31.1 | −115.0 | −42.6 |
| GDP構成比 (%) | 4.7 | 4.9 | 3.0 | 2.2 | 1.8 | 2.7 | 2.2 | −0.7 | | |
| M2増加率 (%) | 26.7 | 19.8 | 15.6 | 18.4 | 12.9 | 17.0 | 12.6 | 16.4 | 9.6 | 7.3 |
| 民間信用増加率 (%) | 33.2 | 21.0 | 20.5 | 23.3 | 30.3 | 24.1 | 14.4 | 30.5 | −7.9 | −10.9 |
| プライムレート (%) | 16.25 | 14.00 | 11.50 | 10.50 | 11.75 | 13.75 | 13.00–13.25 | 15.25 | 11.50–12.00 | 11.00–11.50 |
| 為替レート (米ドル) | 25.59 | 25.52 | 25.40 | 25.32 | 25.15 | 25.59 | 25.52 | 25.40 | 25.32 | 25.15 |

(資料) BOT, Annual Report 等より抜粋.

表4　金融機関の海外負債残高

(百万バーツ)

| | 1992 | 1993 | 1994 | 1995 | 1996 | 1997 | 1998 |
|---|---|---|---|---|---|---|---|
| 民間金融機関 | | | | | | | |
| 商業銀行 | 167,599.0 | 352,431.4 | 779,952.0 | 1,164,132.0 | 1,249,293.6 | 1,904,400.2 | 1,066,164.6 |
| 　外国銀行 | 151,769.8 | 329,425.0 | 755,204.9 | 1,136,848.3 | 1,219,873.5 | 1,857,328.3 | 1,022,010.6 |
| 　その他 | 15,829.2 | 23,006.4 | 24,747.2 | 27,283.7 | 29,420.1 | 47,071.9 | 44,154.0 |
| ファイナンス・カンパニー | 41,195.4 | 58,818.9 | 71,301.9 | 116,546.6 | 132,621.6 | 123,333.8 | 43,106.5 |
| 政府系金融機関 | | | | | | | |
| 政府貯蓄銀行 | ──── | ──── | ──── | ──── | ──── | ──── | ──── |
| 農業・農業協同組合銀行 | 9,113.5 | 7,520.9 | 10,707.9 | 10,335.3 | 18,886.3 | 33,281.1 | 39,097.3 |
| 政府住宅銀行 | 828.1 | 644.6 | 503.0 | 5,529.2 | 10,688.0 | 28,381.8 | 22,134.0 |
| タイ輸出入銀行 | ──── | ──── | 250.2 | 3,728.6 | 7,950.3 | 32,147.5 | 28,142.3 |
| タイ産業金融公社 | 12,478.1 | 17,747.7 | 23,051.9 | 38,935.1 | 53,881.7 | 112,321.8 | 71,198.1 |

(資料) BOT, Qurterly Bulletin, 各年次版.

年まで急伸した．ちなみに，95年と96年の流入額は，それぞれ，219億ドル，195億ドルであった．その反面，貿易収支は1990年以降96年まで赤字が続き，95年と96年の赤字は急拡大した．この赤字を資本の流入が補った形になったが，ほとんどが商業銀行ないしBIBF経由の民間資金であった．

表4は，商業銀行の外資導入は1997年まで，FCのそれが96年まで急伸したことを示しているが，この大量の短期性の民間資金の流入が不動産投資など非生産目的に向かい，バブルを醸成することになった．[10] しかし，98年に入ると状況が一変し，民間金融機関への外資の流入は急減している．他方，政府系金融機関の場合，海外から資金調達を行わないGSB，経済不況の影響を強く受けたタイ産業金融公社 (IFCT) を別として，BAAC，政府住宅銀行 (GHB)，タイ輸出入銀行への資金流入は安定している．とくにBAACの場合，97年の金融危機以後も海外からの資金調達を増やしているが，たとえば，98年の3,909億バーツの内，1,496億バーツを銀行経由資金によって，また残りの2,414億バーツを日本のODA資金などの公的資金によって賄っている．[11]

公的資金は，環境保全など長期的な目的に使用可能である．今後，人命，健

図2　貯蓄と投資（GDP比）

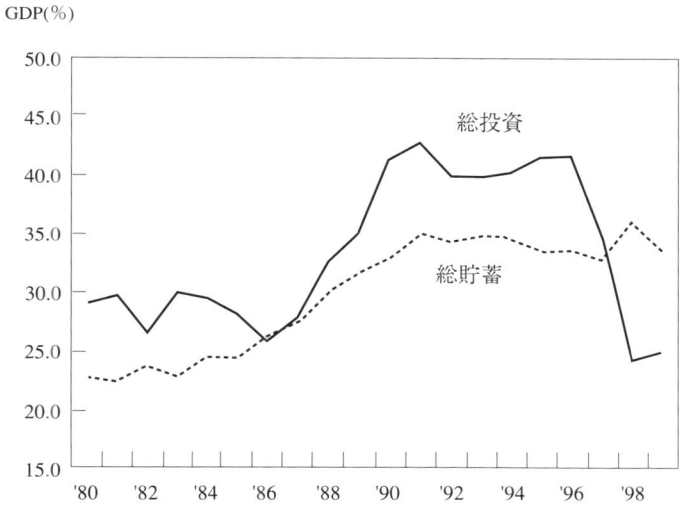

（資料）BOT, Quarterly Bulletin Vol.39 No.1, March 1999, p.27.

康にかかわる基礎的な環境関連投資，また産業に付随する環境関連のインフラ投資が急速に拡大することを考えあわせると，国内貯蓄を動員する金融市場の整備が重要と思われる．

　ところが，タイの国内貯蓄（対GDP比）は伸び悩んでいる．図2のように，1980年代末頃から拡大し始めたタイの投資・貯蓄ギャップは金融危機の97年頃まで続いた．高い投資水準を国内貯蓄でカバーできなかった理由の一つとして，家計貯蓄の伸び悩みを挙げることができる．同様に，図3が示しているように，80年以降99年まで，企業，政府及び国営企業の貯蓄（GDP比）が上昇トレンドにあったのに比べ，家計の貯蓄（GDP比）が89年頃から低下し始めている．ちなみに，家計貯蓄は，対GDP比で，1989年の10.2％から93年には，5.6％へと縮小，さらに96年には2.0％へと縮小している．また，家計貯蓄額そのものも，92年には2,672億バーツであったのが96年には2,548億バーツへと低下，伸び悩んでいる．[12]

図3 部門別貯蓄と投資

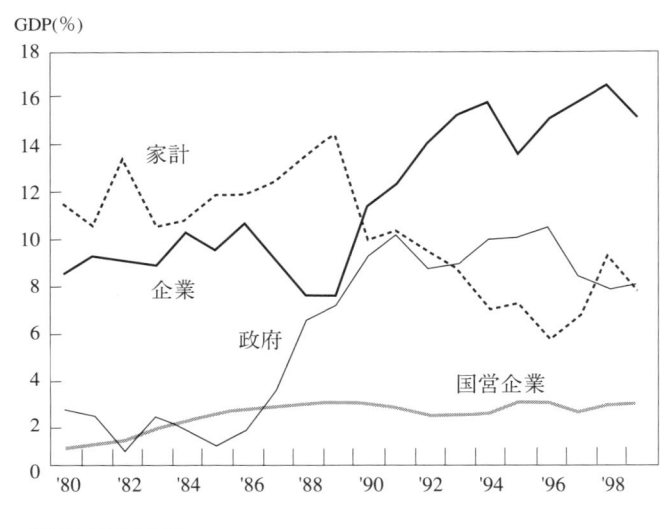

(資料) 図2と同じ．

　家計貯蓄が低下した理由を，(1)消費が拡大したこと，(2)バブルの生成につれて株価と不動産価格が上昇し，手持ち金融資産を増加させる富の効果が生じたこと，(3)外銀参入規制の撤廃など一連の金融自由化政策が外資流入を促進し，その結果，国内貯蓄動員の必要性を減じた外資流入効果が生じたことに求めることができる．この見方は，所得と利子率を貯蓄の主要因として捉える通常の見解と異なっている．しかし，国立統計局とタイ銀行が実施した社会・経済調査[13]によっても，金利がタイの家計貯蓄に与える影響力が弱いこと，同様に所得の影響力もそれほど強くないことを確認することができる．同調査によれば，家計の年平均貯蓄額は1993年の3,042.68バーツから，98年の2,203.1バーツへと低下している．その最大の理由は同期間の所得が11,058.95バーツから12,730.65バーツへと若干増加した程度であるのと比べ，消費が6,777.85バーツから9,092.20バーツへと大幅に増加したことに伴い，貯蓄性向が27.51%から17.31%へと低下したことによる．

表5　金融機関別貯蓄残高

(兆バーツ)

|  | 1995 | 1996 | 1997 | 1998 Q1 | Q2 | Q3 | Q4 |
|---|---|---|---|---|---|---|---|
| 商業銀行 | 2.37 | 2.64 | 3.06 | 3.19 | 3.28 | 3.34 | 3.34 |
| 政府貯蓄銀行 | 0.18 | 0.21 | 0.20 | 0.20 | 0.20 | 0.26 | 0.34 |
| 貯蓄協同組合 | 0.14 | 0.18 | 0.20 | 0.21 | 0.23 | 0.24 | 0.26 |
| ファイナンス・カンパニー | 0.57 | 0.66 | 0.25 | 0.26 | 0.23 | 0.23 | 0.24 |
| 生命保険 | 0.10 | 0.12 | 0.14 | 0.14 | 0.14 | 0.14 | 0.14 |
| 政府住宅銀行 | 0.05 | 0.06 | 0.11 | 0.10 | 0.11 | 0.13 | 0.13 |
| 農業・農業協同組合銀行 | 0.04 | 0.06 | 0.07 | 0.07 | 0.07 | 0.08 | 0.09 |
| 農業協同組合 | 0.01 | 0.02 | 0.02 | 0.02 | 0.02 | 0.02 | 0.02 |
| クレディト・フォンシア | 0.01 | 0.01 | 0.01 | 0.01 | 0.00 | 0.00 | 0.00 |
| 総計 | 3.47 | 3.93 | 4.04 | 4.18 | 4.26 | 4.45 | 4.56 |

(資料) BOT, Qurterly Bulletin, Vol.39 No.1, March 1999.

## 4.2　政府系金融機関の役割

　この状況をどのように打開するかが課題となる.前述の社会・経済調査(1998年段階)によれば,家計の貯蓄目的は,「病気及び老後資金」,「教育資金」,「手元流動性の確保」,「利子所得の獲得」,「その資産の購入資金」,「宗教及び文化目的」,「ローンのための担保資金」の各調査項目の中で,「病気及び老後資金」,「教育資金」,「手元流動性の確保」が合計で74.8%を占めていた.また,貯蓄の形態に関しては,銀行預金,貯蓄組合,生命保険,共済基金,株式投資の中で,最も高いシェアを占めたのは銀行預金の88.25%,それに次ぐのが貯蓄組合の6.24%,共済組合の2.10%であった.しかも,銀行預金のシェアが93年の71.36%に比べて上昇していることなどを考え合わせると,タイの家計は安全性を重視した資金運用を行っていることが分かる.

　しかし,1998年8月の包括的パッケージ発表以来,家計貯蓄は,残高ベースでは,回復傾向にある.表5のように,98年第4四半期で,商業銀行の3兆3400億バーツを筆頭に,政府貯蓄銀行（GSB）3,400億バーツ,政府住宅銀行（GHB）1,300億バーツ,農業・農業共同組合銀行（BAAC）900億バーツといずれも95年

表6　家計貯蓄の増加に対する寄与

(%, 月当たり)

|  | 1991-95 | 1996 | 1997 | 1998 Q1 | Q2 | Q3 | Q4 |
|---|---|---|---|---|---|---|---|
| 商業銀行 | 0.9 | 0.7 | 0.9 | 1.0 | 0.7 | 0.5 | 0.0 |
| ファイナンス・カンパニー | 0.3 | 0.2 | −0.9 | 0.1 | −0.3 | 0.0 | 0.1 |
| 政府貯蓄銀行 | 0.1 | 0.1 | 0.0 | −0.1 | 0.0 | 0.6 | 0.6 |
| 貯蓄協同組合 | 0.1 | 0.1 | 0.0 | 0.1 | 0.1 | 0.1 | 0.1 |
| 生命保険 | 0.1 | 0.0 | 0.1 | 0.0 | 0.0 | 0.0 | 0.0 |
| 政府住宅銀行 | 0.1 | 0.0 | 0.1 | −0.1 | 0.1 | 0.1 | 0.0 |
| 農業・農業協同組合銀行 | 0.0 | 0.0 | 0.0 | 0.1 | 0.0 | 0.1 | 0.1 |
| 農業協同組合 | 0.0 | 0.0 | 0.0 | 0.0 | 0.0 | 0.0 | 0.0 |
| クレディト・フォンシア | 0.0 | 0.0 | 0.0 | 0.0 | 0.0 | 0.0 | 0.0 |
| 総　　計 | 1.5 | 1.1 | 0.2 | 1.2 | 0.6 | 1.4 | 0.8 |

(資料) 表5と同じ.

段階の残高を超えている.しかし,その逆に,ファイナンス・カンパニー (FC) 及びクレディト・フォンシアなど不動産関連の民間金融機関の残高は減少している.

　他方,貯蓄の増加額に対する金融機関別の寄与率に関しては,政府系金融機関の増加が目立っている.表6のように,1996年段階では,商業銀行の寄与率0.7%が最も大きく,それに次ぐのが,FCの0.2%とGSBの0.2%であった.ところが,98年の第4四半期に入るとGSBの寄与率が0.6%,FCが0.1%,商業銀行が0.0%と逆転している.

　金融危機以後,GSB,GHBなど政府金融機関の寄与率が上昇した背景には,タイの金融構造が存在している.すなわち,(1)タイの金融構造が間接金融であり,しかも,(2)商業銀行とFCが預金と貸出に占めるシェアが,1980年以降,両者合計で90%程度と圧倒的であることに加え,(3)FCの資金調達において,商業銀行への依存度がかなり高いこと (85年,96年の場合,それぞれ,17.5%, 10.3%),さらに,(4)商業銀行の中で,バンコク銀行,タイ農民銀行,サイアム商業銀行の3つの民間銀行と政府系のクルンタイ銀行の合計4行の預金と貸

出に占めるシェアが，96年末で，それぞれ，62.1％,59.8％と寡占的な構造を形成していることからも，これらに対抗する政府系金融機関の役割に期待がかかる.[14]

しかし，とくに重要な役割は，貯蓄と投資を結ぶ効率的な資金ルートの確立にとって不可欠な情報の伝達にある．タイの場合，外国銀行支店と地場金融機関，それと取引する大型な企業など外資を活用する経済主体に伝達されている情報と，地方の家計や中小企業が共有している情報が一致しているとは限らない．情報の非対称性を緩和する一つの方法は，投資目的と貯蓄目的を直結することに求められようが，この目的に沿って，政府は，商業銀行に対して，預金総額の20％以上を農民，小企業に貸し付ける規制を1987年に行っている．しかし，コストを軽視したこの種の規制は，効果的な手段であるとは言い難い.[15]

そこで，政府系金融機関たとえばGSBやGHBの支店網の拡充によって，農村地域と中小企業金融を補完する方法も考えられる．GSBは1946年に，郵便・通信局から銀行に改組されたが，運輸，通信，公益事業，教育などの社会インフラ強化の他，福祉の増進と住宅建設向けの融資を行っている．さらに，地域のネットワーク作りを通じて地方の自助努力的発展を目指す「地方開発信用計画」向けの融資も行っている．その原資は，貯蓄預金，プレミアム付貯蓄証書，生命保険証書によって集められる小口の資金である.[16]

同様に，GHBは，住宅建設・改築，土地取得向けの貸出の他，リファイナンス・ローンも行っている．その主な原資は，公衆の預金及び約束手形であり，1997年末の両者を合計したシェアは60.7％となっているが，その他，GSB及びタイ銀行（BOT）からの借入，オフショア市場からの借入，債券発行によって資金調達している．一方，貸出は，月額が2万バーツ以上5万バーツ未満の中所得層向けの貸出が多い（97年段階で，全所得層の41.1％を占める).[17]

これら2つの金融機関は，それぞれ，貯蓄額も，寄与率も高めている．しかし，GSBの場合，貯蓄額の増加と裏腹に，低い預貸比率という問題点を抱えている.[18] たとえば，GHBの85年と96年の預貸率は，それぞれ，160.0％，195.0％であったのに比べて，GSBの同年の預貸率は，21.7％，26.9％にすぎなかっ

た．ここに，GSBから見た他の政府系金融機関との分業体制の強化の必要性と，市場ベース取引にもとづく地方の社会・経済体制への資金供給者としての役割がクローズ・アップされることになる．

その対策は，第1に，支店網の拡充である．GSB自身も1987年以降，預貸比率を高める政策をとっているが，貸出が伸びないのも，低い支店網の立ち遅れ（85年の411支店から98年の566支店に増加）が一因となっていると考えることができる．これまで，GHBに対して資金を貸出してきた．しかし，GSB自身も住宅向け融資を行っているように，政府系金融機関の間で，協調融資を活性化するのが望ましいと思われる．そのためにも，地方の支店網の拡充を推進しているGHBなど他の政府系金融機関と情報を共有するなど，市場開拓を効率的に行う必要があるものと思われる．第2に，環境関連の債券発行を行うことである．GHBとBAACが債券発行を行っているのに対し，GSBの場合，債券発行を行っていない．1999年6月30日までに地方社会に対して中・長期信用を拡大するシステムを開始したが，その資金を債券発行によって賄うのが望ましい．

## 5．むすび

今後，タイなど大部分のアジア諸国は，環境悪化のスピードが経済成長を上回ると予想される．2025年頃までに，産業廃棄物，運輸，電力，農業分野を中心に2,447億ドルにも上る環境関連投資が必要になるものと推定されている．

それにもかかわらず，これまでのアジア諸国の環境政策には問題点が多かった．所有権が確立していないことに由来する市場の失敗の問題，また民間部門の環境改善への意識の低さ，公共部門の資金不足，不適切な環境政策が環境を悪化させてきた．この状況を打開すべく，柔軟な，民間補完型，市場補完型政策が採られるようになってきた．所有権の明確化，誤った補助金政策の廃止などの措置がその例である．さらに，政策遂行上の機能を高める目的から，重点分野の選定，また，政府，民間部門，NGO，地域社会などの間の分業体制と

責任体制の確立が目指されるようになっている．

　この新しい型の環境政策を成功させるためには，市民の参加と中央・地方政府の支援，さらに日本などからの資金援助が不可欠である．この観点から，たとえば，日本の対タイ援助も，「環境研修所センター」，「BAACローン」，「地方農村開発信用事業」のように，地域の住民の参加を促す型のプロジェクトに重点を置くようになっている．

　しかし，水の供給や公衆衛生のごとく人命・健康にかかわる基礎的な環境投資だけでなく，産業廃棄物，運輸など産業の発展に付随する環境関連投資を賄うためには，自国の経済成長と資金供給が不可避である．ところが，タイの場合，1980年代末頃から家計の貯蓄（GDP比）が低下し始めている．その理由は，消費性向の上昇，富の効果，外資流入効果にもとづくが，タイの金融システムにも一因がある．とくに1993年のBIBF開設を契機とした大量の短期民間資金が，環境改善や経済成長を促進するどころか，バブルを引き起こしたことは記憶に新しい．

　投機的資金が商業銀行及びFC経由で流入しただけに，民間金融機関に対抗する政府系金融機関の役割が重要になる．1998年8月の包括的金融パッケージ発表以来，家計の貯蓄は再び増加し始めているが，その担い手が，GSBなど政府系金融機関であることは注目に値する．しかし，GSBの場合，預貸率が低いという問題点を抱えている．その対策は，第1に，GHBなど他の政府金融機関と協同で情報ネットワークを確立することによって，地域の住民のニーズを開拓することである．第2に，環境関連の債券の発行を行うなど，家計の資金を家計の福祉に直結するシステムを確立することである．

　環境コストが確実に計測されるようになれば，民間金融機関及び企業の側でも，環境関連投資を活性化する可能性も生じるはずである．しかし，金融機関等に対する公衆の信頼を回復するコンプライアンス態勢の確立，またバーツの安定化のための国際協調が必要であることは，言うまでもない．

## 注

1) 環境庁編『環境白書 平成10年版』321-332頁による.
2) Asian Development Bank, Emerging Asia : Changes and Challenges, 1997, pp.199-266.
3) 海外経済協力基金編『海外経済協力便覧 1998』による.
4) 通産省『経済協力の現状と問題点 平成10年度版』による.
5) The Government Savings Bank, Annual Report 1997.
6) 外務省経済協力局『経済協力評価報告書』1997年, 176-180頁.
7) 岸真清『経済発展と金融政策』東洋経済新報社, 1990年, 174-196頁を参照.
8) BAAC, Annual Report 1996, pp.52-53.
9) 岸真清「金融市場の問題点」(日本貿易振興会・アジア経済研究所『国別通商政策研究事業報告書』1999年) 96-120頁を参照.
10) バブル生成の要因については, 岸真清「タイの金融・資本市場の発展過程」(大蔵省財政金融研究所編『ASEAN 4 の金融と財政の歩み──経済発展と通貨危機──』1998年) 417-422頁を参照.
11) BOT, Quarterly Bulletin Vol.39 No.1, March 1999による.
12) Office of the National Economic and Social Development Board, Flow of Funds Accounts of Thailand 1998, pp.34-35.
13) BOT, 前掲書, pp.27-33.
14) この点に関し, 日本貿易振興会・アジア経済研究所内「国別通商事業政策研究プロジェクト・タイチーム (谷口興二主査)」が, 1998年8月, The Thai Banker's Association 及び Financial Sector Restructuring において実施したヒヤリング調査においても, FC の最大の顧客は商業銀行であること, また, FC がコングリマリットであったので, コントロールが難しかったとのコメントを得た.
15) BAAC, BAAC and Agricultural Development in Thailand, 1985.
16) GSB, Annual Report, 前掲書, pp. 6-17.
17) Ibid., pp.14-15.
18) BOT. Annual Report, 各年次版.

# 第 8 章

# 環境政策と企業の主体的な貢献

## 1. はじめに

　自動車業界で展開される世界的な規模の企業の再編には，今後予想される環境規制の強化に対応できるエンジン開発のために必要な巨額資本を調達することと急激に進展する技術開発競争に打ち勝つという両面からの要請があるといわれている．これまで，熱帯雨林の破壊や地球の温暖化などのような，多くの地球環境の問題が地球的な規模で展開される生産活動によって引き起こされたが，これからは，環境の破壊の削減あるいは防止を目指す企業の行動は国民経済の枠を超えてダイナミックに展開されようとしている．環境問題を主たる業務とする一部の企業を除けば，一般の企業がその本来の目標である利潤を減少させてまで，その社会的な使命である環境の改善にどれだけ真剣に取組むことができるかは不明な点がある．しかしながら，われわれが試行錯誤の過程を経て，生産性の向上に直接役立たない仕組みを社会全体にいき渡らせた次のような貴重な過去の経験に基づけば，企業が地球環境のためにある一定の役割を果たす社会的なシステムを構築することは不可能ではないし，むしろ今後われわれが積極的に取組まなければならない最優先の課題の一つに上げられるであろう．たとえば，直接的には生産性の向上に繋がらないという意味において，汚

染物質の削減などに取組む企業行動は，資本主義の成熟過程で経験された，従業員を生産現場で危険から守るための安全性向上ための設備投資や従業員のための福利厚生施設や企業年金制度などとも共通する性格を有しているようにもみえる．

　最近では，自動車業界のように環境に関する市場の変化に対応する企業の行動がみられるもののその一方において，多くの企業が環境への対応を強化するための資金的な余裕が十分ではないことも事実である．環境技術を武器に世界市場を制覇しようとする企業戦略は合理主義的な企業行動そのものであり，この行動を国家が支援することによって，環境政策は産業政策の枠組みのなかに組み込まれる．これから，環境の改善が企業活動の主要な目標となり，政府の産業政策の重心も環境問題の解決に据えられる可能性が高い．このような将来に関する楽観的な見通しが現実のものとなるのを阻む要因があることを見過ごしてはならない．環境改善への投資が市場で評価されることが期待できる企業は，現状では例外的であり，一般的にいって，環境の改善への投資は，企業の収益を大きく後退させる．このような状況に置かれている企業にも環境への取組みを推進させることが，環境政策の中心的な課題であるといえる．特に，環境に悪い影響を及ぼす企業活動を短期的な視点からだけで，禁止することは，長期的にはより大きな社会的厚生の損失をもたらすかもしれない．たとえば，これまでより厳しい環境の規制水準を達成するために，利潤が赤字に転じた企業が操業を停止をすることも考えられる．企業が生産を停止することは，汚染物質の排出が止まることによって，環境悪化への歯止めがかけられるという評価を下すことができるが，企業の撤退は地域の経済活動などに悪影響をおよぼすだけでなく，それまでの生産活動で蓄積された汚染物質の除去や地域の住民の環境被害が長期間にわたるときには，かえって，住民にとって環境改善の責任主体の喪失という憂慮すべき事態が生じることも想定される．

　環境改善への対応が消極的な企業に対する政府の対策は容易ではない．環境改善への投資に要する資金の一部を政府が負担することが考えられるが，これは環境投資への一種の補助金の性格を有しており，情報の非対称性の下で交付

される補助金がモラル・ハザードや逆選択などの行動を引き起こすだけでなく，利害集団・行政機関・政治家の癒着など望まれざる副産物をもたらすこともまたよく知られた関係である．環境の規制水準の引き上げや課徴金は，企業の環境への取組みを容易にするように工夫されるべきである．

　本章では，企業が主体的に環境問題に取組むための条件が解明される．主たる帰結は以下のように要約される．企業が環境の改善に取組むためには，環境の改善への収益率と呼ばれる概念を解明することが必要である．一般的にいえば，この環境改善の収益率の上昇は，環境当局にとって観察不可能である排出主体による環境改善の努力を押し上げる効果を有している．この収益率の変化は環境改善努力の潜在価格の動きと逆になる．この収益率が1に等しく，環境改善の努力が市場あるいは政府によって完全に評価されるときには，この環境改善努力の潜在価格はゼロとなり，インセンティブの問題は解決する．ところで，この収益率がある水準に達しなければ，生産者は環境改善の自主的な努力を怠るという可能性が存在する．このように，収益率の大きさにも注意が払われるべきである．また，社会的な厚生という観点からいえば，この収益率は企業の利益だけに止まらないことから，この収益率には企業が享受する利益を超える比重が与えられる．最後に，収益率の規制当局による操作が論じられる．この利益率に影響を与える規制当局による政策手段には環境改善の経費への補助金の交付や課税の控除などの処置が考えられる．これらの経済的な政策手段が環境改善の利益率に与える限界効果の大きさに応じて，財政の均衡が堅持されるかどうかが決定されるべきである．

## 2．企業の環境保全への取組みと情報の非対称性

　環境に与える影響の程度は異なるとしても，企業に代表される各生産主体は，その組織を維持発展させるために，売上，利潤，あるいは，財源の確保などをその活動の主たる目的とするが，地球環境という観点からは，重大な責務を有しているといえる．生産活動は企業だけでなく，政府の部門や協同組合な

ど種々の形態によって営まれるが，以下では，生産活動の主体として，企業活動を主として考察する．企業は，製造業あるいは非製造業を問わず，その生産過程において，汚染物質や廃棄物の排出を通して，環境に負荷を与える存在となっている．このような環境破壊を持続可能な水準にまで除去したり，削減するためには，被害者や政府および民間団体など第3者による対処療法的な対応では限界が存在する．環境問題に関しては，排出責任の原則が適応され，汚染物質の排出主体が環境の改善にこれまで以上に積極的に取組むようになる社会の枠組みの設計が不可欠である．

以下では，生産活動だけでなく，汚染物質の削減にも取組む企業行動が分析される．企業は価格が $p$ である生産物を $y$ 単位生産する．投入財の数量と価格は $x_1$ と $r_1$ で表示される．また，企業は生産性の向上を目指して，経費削減のために $e_1$ の努力を費やす．企業の生産関数は

$$y = \phi(x_1, e_1)$$

で表示され，凹関数でしかも各変数に関して連続微分可能である．

企業は，環境に対する汚染物質の除去や排出量の削減のために単価が $r_2$ の投入物を $x_2$ 単位用いる．環境改善に対して $e_2$ の努力が投じられる．規制当局によって観察可能な汚染物質の除去や排出物の削減の数量が $z$ であるとき，関係式

$$z = \theta(x_2, e_2)$$

が成立すると仮定される．ただし，$z$ は政府によって定められる環境に関する規制水準を超えて，企業が実現する環境改善に関する数量である．環境に関する規制においては，情報の非対称性が存在することが周知の事実である．本章のモデルでは，規制当局は投入物の水準 $x_2$ が規制当局によって把握可能であると仮定されるが，Tirole (1994) や Laffont (1995) において想定されているように，経営努力 $e_1$ と環境改善努力 $e_2$ は規制当局にとって観察可能ではない．この2つの努力がインセンティブに関する議論の中心的なテーマに位置する．ただし，努力の総量には，限界があると想定される．$E$ が定数（または，パラメーター）であるとして，制約条件

$$E = e_1 + e_2 \tag{1}$$

が満たされる．企業による環境対策が費用の増大だけをもたらすのであれば，企業は環境の対応に消極的になるであろう．自動車産業が$CO_2$の低排出エンジンの開発にしのぎを削る理由には，新しい環境規制をクリアする製品の市場で他のライバルメーカーに対して優位に立ちたいという思惑があることは確かである．企業が環境に積極的になるためには，その環境に対する投資などの資金の一部を回収できるという見込みを企業が持てることが必要である．具体的には，環境改善のための投資支出に対する課税の控除の適応や新規市場の開拓などが考えられる．本章のモデルでは，次のような可能性が前提される．$z$に対して一定率の補助金が交付されたり，汚染物質の除去あるいは削減費用の一部が生産物の価格に上乗せされる．本章では，$t$は環境改善の収益率とよばれる．いいかえると，$t$は生産者が環境の改善に取組むことによって得られる収益率であり，政府による環境政策手段を含めて複数の要因によって構成される．

次に，規制当局が環境の改善に取組むとしても，それは，観察可能な数量$z$と$x_2$に基づく政策の遂行を意味しており，環境に対する努力水準$e_2$は規制当局によって捕足不可能であり，課税や補助の対象となりにくい．政策の対象とはならない．企業にとって$x_2$は，規制当局などの外部の機関から設定されるとき，法律で設置が義務付けられた環境の設備のために必要な費用$r_2 x_2$は一種のサンクコストとなっている．企業にとって環境対応に多くの労力を投ずることは生産性の向上がそれだけ犠牲になることを意味している．企業が自主的に環境の改善に取組むといっても，収入とは無関係には実施できないであろう．企業にとって，環境への自主的な努力水準の目標値が$e_2$で与えられるとすれば，収益性を重視する企業の行動は制約条件

$$tz - e_2 \geq 0 \tag{2}$$

で表される．(2)が等式で成立するとき，企業は環境の改善に最大限の努力を払う．

企業は生産関数$y = \phi(x_1, e_1)$の制約の下で，利潤

$$\pi = py + tz - r_1 x_1 - r_2 x_2 - E \tag{3}$$

を最大化すると仮定される．企業の最適生産の一階の条件はLagrange関数

$$L \equiv p\,\phi(x_1, e_1) + t\,\theta(x_2, e_2) - r_1 x_1 - r_2 x_2 - (e_1 + e_2) + \alpha\,(t\,\theta(x_2, e_2) - e_2)$$

を変数 $x_1, e_1, x_2, e_2$ とLagrangeの乗数 $\alpha$ に関して微分することによって(4)から(8)によって求められる．

$$p\frac{\partial \phi}{\partial x_1} - r_1 = 0 \tag{4}$$

$$p\frac{\partial \phi}{\partial e_1} - 1 = 0 \tag{5}$$

$$t\frac{\partial \theta}{\partial x_2} - r_2 + \alpha\,t\frac{\partial \theta}{\partial x_2} = 0 \tag{6}$$

$$t\frac{\partial \theta}{\partial e_2} - 1 + \alpha\,(t\frac{\partial \theta}{\partial e_2} - 1) \leq 0 \tag{7}$$

$$e_2\{t\frac{\partial \theta}{\partial e_2} - 1 + \alpha\,(t\frac{\partial \theta}{\partial e_2} - 1)\} = 0 \tag{8}$$

(4)と(5)から，$x_1$ と $e_1$ に関する限界代替率は

$$\frac{\partial \phi}{\partial x_1} \Big/ \frac{\partial \phi}{\partial e_1} = r_1 \tag{9}$$

を満たし，投入物で計った努力の限界費用は投入物の相対価格 $r_1$ に等しくなる．次に，$x_2$ と $e_2$ に関する限界代替率は，(6)と(7)から

$$\frac{\partial \theta}{\partial x_2} \Big/ \frac{\partial \theta}{\partial e_2} \geq \frac{r_2}{1 + \alpha} \tag{10}$$

が導出される．汚染物質の削減あるいは除去に関しては，$1$ に削減あるいは除去努力に関する潜在価格 $\alpha$ が加えられた数で除されることから，限界費用が $r_2$ より低く設定され，除去あるいは削減の努力が進まないことが式の上からも確かめられる．

ところで，潜在価格 $\alpha$ に関して以下の解釈が可能である．(6)を変形すれば，

$$\alpha = \frac{r_2}{t\dfrac{\partial \theta}{\partial x_2}} - 1 \tag{11}$$

が導出される.環境対策が市場あるいは政府によって完全に評価されるときには,等式 $t=1$ が満たされる.しかも,完全競争市場で環境対応の投入財が購入されるときには,市場価格 $r_2$ と限界生産力 $\partial \theta/\partial x_2$ が等しくなる.環境対策を進めるうえで,このように理想的な条件のもとでは,潜在価格 $\alpha$ はゼロとなり,(10)式の右辺は $r_2$ に等しくなる.このときには,環境改善のための努力は市場における評価に等しい水準に定められる.企業は環境に積極的に取組み,企業が環境改善へのインセンティブを有さないという問題は表面化しない.$\alpha$ はインセンティブの問題に関する一つの指標となっている.

## 3.環境改善に関する収益率と努力水準

以上の推論を通じて,排出物の削減あるいは汚染物質の除去の活動が市場あるいは社会で評価されるときには,企業が環境の改善に取組む努力は適正な水準に保たれることが期待される.逆にいえば,企業の環境対応への評価の指標ともいえる $t$ の値に応じて,企業の対応はかなり異なることが予想される.たとえば,$t=0$ は企業の環境への取組みが全く評価されない状態を暗示するが,このとき,(8)から,$e_2=0$ が導かれる.企業は環境に積極的に対応する意欲を全く喪失してしまう.しかも,$-r_2 \neq 0$ から,(6)は成立しない.このとき,企業は規制当局に義務付けられた環境に関する措置を受動的に実施して,最適化行動をとらないと解釈される.企業にとって,環境対策費は法律によって義務付けられた固定費用として認識される.このような立場をとる企業にとって,環境対策は,最適化の変数とはならずに,企業経営に関して外生的に与えられたパラメーターである.このような極端な場合ではなくても,環境に取組む努力に関するインセンティブの問題は,環境の改善に対する障害になると考えられる.

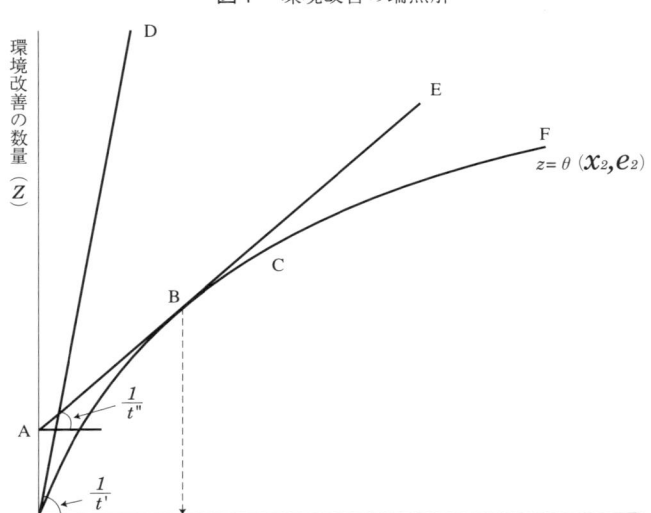

図1　環境改善の端点解

*縦軸*：環境改善の数量（$z$）　*横軸*：環境改善努力（$e_2$）

曲線 $z = \theta(x_2, e_2)$、点 A, B, C, D, E, F、傾き $\frac{1}{t''}$、$\frac{1}{t'}$、$e_2^*$

たとえば，(7)が狭義の不等式で成立するときには，(8)から，環境への努力 $e_2$ は最低のゼロの水準に定められる．(7)は

$$\frac{\partial \theta}{\partial e_2} < \frac{1}{t} \tag{12}$$

と変形される．以下の3つの図1, 2, 3を用いて，不等式(12)の関係を視覚的に理解可能なようにしよう．ただし，環境に関する努力 $e_2$ の限界生産力は逓減するとしよう．環境に関する等収益を示す関係式は

$$R = tz - e_2 - r_2 x_2$$

で表される．図1において，異なる $t'$ と $t''$（$t' < t''$）に関して，等収入線は 0D と AE で表示されるが，$t$ が $t'$ で小さいときには，環境の収益最大化は原点で達成され，そのときの環境への取組みの努力水準 $e_2$ はゼロとなる．環境改善の収益率 $t$ がある程度大きくなると $e_2$ は正の水準となる．たとえば，ある程度の水準 $t''$ に到達すれば，最適値を示す点 B において，$e_2^*$ が正の値を取ることが確かめられる．図2において，$t$ と $e_2$ 関係が屈折した曲線 0AC によって描

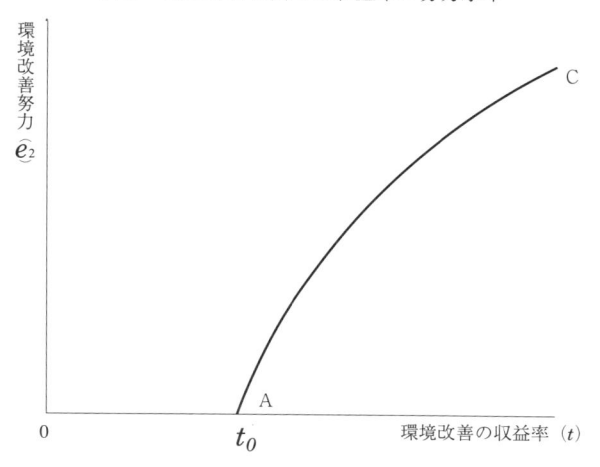

## 図2　環境改善に関する収益率と努力水準

かれるこの曲線が0Aの部分において水平軸と重なり，$e_2$がゼロの値となることが読み取られる．いいかえると，企業は環境の収益率が低すぎると判断するときには，環境に対する自主的な取組みはせずに，規制などによって定められた基準だけを受動的に実行しようとするだけであろう．このような状況の下では，環境問題に関する政府の役割が過大となり，規制に関する政府の機能が万全ではないことがこれまでも，多くの論者から指摘されたことも想起すれば，柔軟で，効果的な環境政策が実現しない恐れが存在するといえる．図を用いた説明に少し厳密な説明を付しておこう．

(3)，(4)，(5)および(2)と(6)を等号に変えた式を $t$ で微分して比較静学分析を試みよう．

$$p\frac{\partial^2 \phi}{\partial x_1^2}\frac{dx_1}{dt}+p\frac{\partial^2 \phi}{\partial x_1 \partial e_1}\frac{de_1}{dt}=0 \tag{13}$$

$$p\frac{\partial^2 \phi}{\partial x_1 \partial e_1}\frac{dx_1}{dt}+p\frac{\partial^2 \phi}{\partial e_1^2}\frac{de_1}{dt}=0 \tag{14}$$

$$t(1+\alpha)\frac{\partial^2 \theta}{\partial x_2^2}\frac{dx_2}{dt}+t(1+\alpha)\frac{\partial^2 \theta}{\partial x_2 \partial e_2}\frac{de_2}{dt}+t\frac{\partial \theta}{\partial x_2}\frac{d\alpha}{dt}=-(1+\alpha)\frac{\partial \theta}{\partial x_2} \tag{15}$$

$$t(1+\alpha)\frac{\partial^2\theta}{\partial e_2 \partial x_2}\frac{dx_2}{dt}+t(1+\alpha)\frac{\partial^2\theta}{\partial e_2^2}\frac{de_2}{dt}+(t\frac{\partial\theta}{\partial e_2}-1)\frac{d\alpha}{dt}=-(1+\alpha)\frac{\partial\theta}{\partial e_2} \quad (16)$$

$$t\frac{\partial\theta}{\partial x_2}\frac{dx_2}{dt}+(t\frac{\partial\theta}{\partial e_2}-1)\frac{de_2}{dt}=-z \quad (17)$$

(13)から(17)までの5つの式を用いて，$de_2/dt$ を求めて整理すると

$$\frac{de_2}{dt}=\frac{\begin{vmatrix} t(1+\alpha)\frac{\partial^2\theta}{\partial x_2^2} & -(1+\alpha)\frac{\partial\theta}{\partial x_2} & t\frac{\partial\theta}{\partial x_2} \\ t(1+\alpha)\frac{\partial^2\theta}{\partial e_2 \partial x_2} & -(1+\alpha)\frac{\partial\theta}{\partial e_2} & (t\frac{\partial\theta}{\partial e_2}-1) \\ t\frac{\partial\theta}{\partial x_2} & -z & 0 \end{vmatrix}}{\begin{vmatrix} t(1+\alpha)\frac{\partial^2\theta}{\partial x_2^2} & t(1+\alpha)\frac{\partial^2\theta}{\partial x_2 \partial e_2} & t\frac{\partial\theta}{\partial x_2} \\ t(1+\alpha)\frac{\partial^2\theta}{\partial e_2 \partial x_2} & t(1+\alpha)\frac{\partial^2\theta}{\partial e_2^2} & (t\frac{\partial\theta}{\partial e_2}-1) \\ t\frac{\partial\theta}{\partial x_2} & t\frac{\partial\theta}{\partial e_2}-1 & 0 \end{vmatrix}} \quad (18)$$

が導出される．環境の生産関数 $\theta$ が凹関数であることから，分母の縁付 Hessian の行列式の値は正である．次に分子の値を見てみよう．分子は

$$-t^2(1+\alpha)\frac{\partial\theta}{\partial x_2}\begin{vmatrix} \frac{\partial^2\theta}{\partial e_2 \partial x_2} & \frac{\partial\theta}{\partial e_2} \\ \frac{\partial\theta}{\partial x_2} & z \end{vmatrix}+t(t\frac{\partial\theta}{\partial e_2}-1)(1+\alpha)\begin{vmatrix} \frac{\partial^2\theta}{\partial x_2^2} & \frac{\partial\theta}{\partial x_2} \\ \frac{\partial\theta}{\partial x_2} & z \end{vmatrix} \quad (19)$$

に変形される．限界生産力が逓減することから，$\partial^2\theta/\partial e_2 \partial x_2$ が負値，$t\partial\theta/\partial e_2 -1$ が負値であると想定すれば，(19)は正の値をとることが確かめられる．このときには，環境改善に対する政府または市場の評価 $t$ が上昇することは，企業の環境への取組み $e_2$ を前進させることを意味する．この関係は，図3の曲線 0E で描かれる．

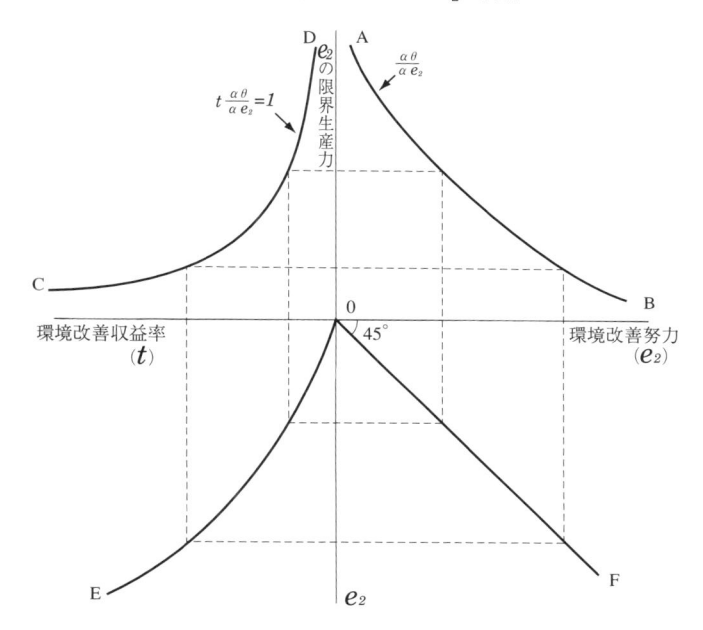

図3　内点解における $t$ と $e_2$ の関係

```
         D    A
         e₂       α θ/α e₂
$e_2$の                ←
限
界   t α θ/α e₂ = 1
生   ←
産
力
 C                        B
  環境改善収益率    0  45°   環境改善努力
     ($t$)                  ($e_2$)

 E            $e_2$         F
```

## 4. 環境改善の収益率と市場構造

　前節の推論を通じて，$t$ の値が企業の環境への積極的な対応に大きな影響を与えることが明らかにされたが，次に，$t$ の値を決定する要因を考察してみよう．環境改善の収益率 $t$ は政府による直接的な制御が可能な補助金や市場の構造による要因によって総体的に定められている．市場の要因に関していえば，第1に，$t$ は環境に関する品質競争を表現しているということができる．環境の改善に成功した程度 $z$ に応じて，企業は製品が高い価格で販売できるなどの利得を得ることが可能である．$t$ はその利得の程度を表すと考えられる．企業が環境技術の独占に成功できれば，$t$ の値は大きく表現されるが，その技術が行き渡れば，大きな $t$ の値を獲得することは困難である．このことは環境技

術の開発に限られない．企業が独自の環境に関するイメージをブランドとなるほどに消費者に印象付けることに成功すれば，企業は市場で大きな $t$ の値を獲得することになるであろう．ところが，このような財は供給量が少量であるような特定の条件を満たす物に限られていることが一般的にいえるであろう．この意味において，ある企業が環境のイメージ作りに成功すれば，他のライバル企業がその戦略を真似ることも容易であることから，各企業は長期的には，平均的な収益率 $t$ を手に入れることができるだけである．

環境に関する技術競争には，もう一つの側面が存在する．環境に関する規制水準が引き上げられるときなどには，新たな環境基準を満たさない企業はその操業を継続するためには，基準を満たす技術を有する企業から技術的な支援を受ける必要が生じる．その支援は通常契約によって有償であることから，この収入は(3)では $t$ の値に加算される．

排出権市場の価格，汚染物質の排出単位当たりの課税あるいは罰金は $t$ で表示可能である．いずれの場合にも，排出量を $z$ 単位削減することは，それだけ企業にとって支出額の減少あるいは収入の増加に繋がるであろう．$z$ は企業の自主的な排出削減量を表すことから，排出規制水準が高くなればそれだけ自主的な削減量は小さくなり，環境改善からの収益が同じであれば，

$$tz＝一定$$

の関係式から収益率 $t$ は上昇するといえるのである．規制の水準の引き上げや罰金の強化などの直接的な政策手段も，環境改善の収益率の向上に役立つことが明かにされる．[1] また，市場の機能が向上するのに役立つ汚染物質の監視の強化もこの収益率の上昇に寄与する．

## 5．政府活動と社会的な厚生

企業による環境への主体的な取組みが重要であることは疑問の余地のない主張であるとしても，企業に任せておいて十分な環境改善が進むかどうかは慎重に検討されるべき重要なテーマであるといえるであろう．以下では，社会的厚

生の観点から，企業の環境改善への取組みを分析してみよう．企業活動と住民の厚生を考慮して政策の選択を行う政府は次の功利主義的な社会的厚生関数

$$W = \pi + z \tag{20}$$

の最大化を目指す．(13)は(3)を用いると

$$W = p\phi(x_1, e_1) + (t+1)\theta(x_2, e_2) - r_1 x_1 - r_2 x_2 - (e_1 + e_2) \tag{21}$$

と書きかえられる．最善の資源配分を実現するために各変数 $x_1, e_1, x_2, e_2$ で微分して整理すれば，(4)から(7)に類似した式が得られるが，特に，(6)と(7)式との対比で

$$\alpha t \frac{\partial \theta}{\partial x_2} = \frac{\partial \theta}{\partial x_2} \tag{22}$$

$$\alpha \left( t \frac{\partial \theta}{\partial e_2} - 1 \right) = \frac{\partial \theta}{\partial e_2} \tag{23}$$

が導出される．$\partial \theta / \partial x_2$ がゼロでないとすれば，(22)から得られる $\alpha = 1/t$ を(23)に代入して整理すれば，$1/t = 0$ が成立する．このとき，$\alpha = 0$ が満たされ，$t$ は無限大で近似される．

次に，$tz$ が補助金であるとして，財政の支出額が住民に対する課税によって賄われるとしよう．$\lambda$ が財政の予算均衡に関する潜在価格であるとすれば，次善の資源配分の問題は

$$W = p\phi(x_1, e_1) + (t+1)\theta(x_2, e_2) - r_1 x_1 - r_2 x_2 - (e_1 + e_2) + (1 - \lambda t)\theta(x_2, e_2) \tag{24}$$

を用いて求められる．(22)と(23)に対応する式は

$$\alpha t \frac{\partial \theta}{\partial x_2} = (1 - \lambda t) \frac{\partial \theta}{\partial x_2} \tag{25}$$

$$\alpha \left( t \frac{\partial \theta}{\partial e_2} - 1 \right) = (1 - \lambda t) \frac{\partial \theta}{\partial e_2} \tag{26}$$

である．(25)と(26)から $\alpha$ を消去すれば，この次善の解においても，最善の解と同様に $1/t = 0$ が成立する．いずれの場合にも，環境改善努力の潜在価格はゼロで，環境改善の収益率は無限大になることが明かにされる．社会的な厚生の観点からみれば，環境への生産者の貢献は生産者自身が享受する以上に評価され

るべきであろう．

　以上では，市場の構造と企業の環境の取組みへの努力の大きさの関係が主たる分析対象であった．政府が実施することができる直接的な政策手段としての環境改善の収益率 $t$ の操作を考察しよう．政府がその政策の目標とする社会的な厚生関数(21)あるいは(24)は，実際には，$p, t, r_1, r_2$ を変数とする．政府規制当局にとって，企業に環境改善投資などに対する補助金あるいは課税特別措置の適用などによって環境改善の収益率を操作することが可能であると想定することができる．(21)を $t$ に関して微分して整理すれば，

$$\frac{dW}{dt} = \{p\frac{\partial \phi}{\partial x_1} - r_1\}\frac{dx_1}{dt} + \{p\frac{\partial \theta}{\partial e_1} - 1\}\frac{de_1}{dt} + \{(t+1)\frac{\partial \theta}{\partial x_2} - r_2\}\frac{dx_2}{dt} + \{(t+1)\frac{\partial \theta}{\partial e_2} - 1\}\frac{de_2}{dt} + \theta \quad (27)$$

が導出される．(4)から(7)を用いると

$$\frac{dW}{dt} = (1-\alpha t)\frac{\partial \theta}{\partial x_2}\frac{dx_2}{dt} + \{(1-\alpha t)\frac{\partial \theta}{\partial e_2} + \alpha\}\frac{de_2}{dt} + \theta \quad (28)$$

　同様に，次善の資源配分(24)を $t$ に関して微分して整理すれば，

$$\frac{dW}{dt} = \{(1-\alpha t)+(1-\lambda t)\}\frac{\partial \theta}{\partial x_2}\frac{dx_2}{dt} + [\{(1-\alpha t)+(1-\lambda t)\}\frac{\partial \theta}{\partial e_2} + \alpha]\frac{de_2}{dt} + (1-\lambda)\theta \quad (29)$$

が得られる．ここで，(28)と(29)を比較してみよう．

$$最善の限界社会的厚生 - 次善の限界社会的厚生 = -(1-\lambda t)\{\frac{\partial \theta}{\partial x_2}\frac{dx_2}{dt} + \frac{\partial \theta}{\partial e_2}\frac{de_2}{dt}\} + \lambda \theta \quad (30)$$

から，次の推論が可能である．政府による補助金などによる収益率の操作に企業が反応しないときには（$dx_2/dt$ と $de_2/dt$ がともにゼロ），(30)は $\lambda\theta$ に等しくなり正値となる．このときには，財政の均衡条件を満たす次善の政策では，財政の制約が課されない最善の配分と比較して，補助金の政策への評価が小さくなる．これと比較して，政府の収益率操作に対する企業の反応がある大きいときには（$dx_2/dt$ と $de_2/dt$ がともに正），(30)の値が負になる可能性が存在して，財政政策の一環としての環境改善のための政策は高い評価が与えられる．このような条件の下では，財政の均衡という制約を課しても，逆に政府の環境

改善の政策が進むことが期待される．どの状況下に現状があるのかを明確に認識することが，課題として残される．

## 6. おわりに

田中廣滋（1999）は以下のことを強調した．実際に，企業が環境に取組む態度には差異がみられる．企業を幾つかのグループに分類して，分析することによって環境に関する個々の企業の特性が解明される．また，環境の支出に関する生産性が企業行動の性質を決定する主要な要因となる可能性が指摘された．これに対して，本章では，企業による環境への対応が環境改善の収益率という観点から分析される．ところで，環境政策の一環として企業における環境改善への主体的な努力に注目したとき，企業の役割を引き出す環境政策を規制当局が展開しようとしても，企業の環境への取組みの程度が規制当局によって必ずしも観察可能ではないという周知の政策的な課題が存在する．企業が環境改善に対するインセンティブを持つような政策が実現されるべきであろう．Segerson（1988）や Rausser, Simmons と Zhao（1998）などの多くの論者によって指摘されるインセンティブや不確実性の問題への政策的な対応が明示されなければならない．政策手段の選択に影響する政治的な要因や政策手段の組み合わせなども注意が払われるべきであろう．[2]

本章の推論にしたがえば，汚染物質の発生主体が環境の改善に積極的に対応するかどうかは環境改善努力の収益率とよばれる値によって決められる．その値が比較的に高い企業には，経済的な政策手段が効果的であるが，その値が低い企業グループには経済的な政策手段の効果が乏しい可能性があることが明らかにされた．しかも，この環境改善努力の収益率の決定には政府の政策手段を含めた複数の要因が総合的に作用するという議論に基づけば，これらの要因を分析することは環境政策のなかでも主要なテーマとなるであろう．

注

1) Innes (1999) は環境事故の問題に関する議論において,本章での努力 $e_2$ に対応する概念として注意水準 (care level) を用いて,罰金などの政府の政策手段の有効性を論じている.

2) この分野には,Fredriksson (1997), Huber と Wirl (1998) や Heyes (1996) など多数の文献があるが,本章で得られた主たる帰結は,企業が置かれている状況を分析して,適正な政策手段を講じるべきであるということである.

## 参 考 文 献

Fredriksson, P.G., (1997) "The Political Economy of Pollution Taxes in a Small Open Economy," *Journal of Environmental Economics and Management* 33, pp.44–58.

Huber, C. and F.Wirl, (1998) "The Polluter Pays versus the Pollutee Pays Principle under Asymmetric Information," *Journal of Environmental Economics and Management* 35, pp.69–87.

Heyes, A. G., (1996) "Cutting Environmental Penalties to Protect the Environment," *Journal of Public Economics* 60, pp.251–265.

Innes, R., (1999) "Remediation and Self-reporting in Optimal Law Enforcement," *Journal of Public Economics* 72, pp.379–393.

Laffont, J.J., (1995) "Regulation, Moral Hazard and Insurance of Environmental Risks," *Journal of Public Economics* 58, pp.319–336.

Rausser, G. C., L. K. Simmons and J. Zhao, (1998) "Information Asymmetries, Uncertainties, and Cleanup Delays at Supperfund Sites," *Journal of Environmental Economics and Management*, 35, pp.48–68.

Segerson, K.(1988),"Uncertainty and Incentives for Nonpoint Pollution Control" *Journal of Environmental Economics and Management* 15, pp.87–98.

田中廣滋 (1999)「循環型社会と環境経営の潜在価格」『地球環境レポート』1号,10-16頁.

Tirole, J., (1994) "The Internal Organization of Government," *Oxford Economic Papers* 46, pp.1–29.

# エピローグ

　地球環境に関する話題の中心は，最近では，温暖化と資源のリサイクルに置かれているように感じられるが，このようなトピックを含めた一般的な地球環境の問題はその原因が複合的であるだけでなく，その影響が広範囲に及ぶという特徴を有している．その意味で，研究対象としての地球環境は，自然科学に限らず，人文科学から社会科学の分野にまで多方面に亘る．しかも，地球環境の問題の解明という共通のテーマを探究する研究者の間でも，ある一つの研究分野で得られる成果を他の専門分野の研究者が正確に理解することさえ容易ではない．このように，個別の分野においても，地球環境問題の解明が容易でないだけではなく，研究活動から得られた成果を共有の財産として活用することはさらに困難な作業を要する．

　地球環境が多角的に研究されるときには，その主要なテーマには，発生のメカニズムの解明だけでなく，有効な解決の方策を模索することも含まれる．地球環境の諸問題の解決への第一歩は，各国の政府，企業，個人および民間の団体など環境問題に関係する各主体が，環境保全を目指して具体的な活動を開始することであるということができる．個々の主体の環境問題への取組みが進めば，成功と失敗の事例が蓄積されていく．これらの事例を整理・検討することによって，この問題への適正な解答あるいは対応策として多くの論者によって認められる方策が明らかにされる．このような検討結果を経て，有効であると認められる政策を総称して地球環境政策と呼ぶことにしよう．

　地球環境に関する議論において，経験と知識の着実な積み上げが最も重要であるとしても，特定の課題に注意が偏るときには，個別の政策に関する議論は深められるとしても，この地球環境政策の概要は必ずしも明確ではないということができる．これとは，少し矛盾するようにも感じられるが，次の関係にも配慮することが必要である．地球環境政策の輪郭を明確にするには，地球環境

に対する普遍的な方法論を確立するという高度に抽象的な推論よりも，過去の経験を踏まえながら，個々の課題に対する最も有効な政策を見つけ出すという作業を必要としている．地球環境政策に関する議論は，これまで人類が積み上げてきた多様でしかも豊かな英知を結集することから始められるべきであろう．われわれが先人の智恵を借りながら，現在の地球環境問題に取組もうと試みても，まず次の2つの問題が解決されなければ，この智恵の泉はわれわれにとって宝の持ち腐れ以上の何物でもない．第1に，われわれが立ち向かうべき地球環境問題の本質は何であるのか，そして，少なくともどういう問題を解決すべきであるのかが具体的に示されなければならない．第2に，政策の源泉となる知的な遺産が豊富であるとしても，現実の課題の解決には種々の要因が複雑に絡み合って，学説上の定説や過去の経験がそのまま問題の解決に結びつかないことも十分に想定される．この場合には，政策課題との関連において，これまでの学術的な知識や経験を整理しなおすことが必要であろう．

　本書を構成する諸章は，この2つの基本的な課題に取組むが，その分析の枠組みの中で次の2つの論点が特に言及されるべきであろう．第1に，地球環境の問題への対応は世界全体での取組みを求める．理想的には，次のようなプロセスが実施されるべきであろう．世界の諸国が一堂に会した国際会議において，科学的に確かめられた事実に基づいた真剣な議論を通じた合意によって，地球環境を守るための汚染物質の削減などの対応策が決定され，しかも，その削減が国際的な監視の下で厳正に実行される．ところで，利害の対立する諸国から構成される国際社会において，どのような環境に関する汚染物質の削減に関しても，このような理想的な過程に従って，全世界的な合意を得ることは容易ではない．気候変動にかんする国際連合枠組条約の第3回締結国会議で発表された1997年の京都議定書においても，温室効果ガスの削減の目標が設定される諸国とそうでない諸国に分けて議論されて，ここで得られた削減の合意が地球規模で効果的な削減に及ぶ仕組みが今後の課題とされた．環境に関する国際会議が成功するためには，目標の実現に環境対策が進められる政策の流れが明確にされる必要がある．過去の国際会議において，北欧諸国が重要な役割を果

たしていることからも明らかなように，この政策の枠組みは経済力や軍事力を有する一部の有力な国家や国際機関で設計されたものであるとは限らない．多様な諸国によって構成される国際社会においては，環境問題の先進国グループとでも呼ばれる諸国の強固な協力とリーダーシップが効果的な汚染物質の削減には必要であると考えられる．世界の諸国がすべて民主的な手続に基づいて意思決定をしているとしても，多数決における均衡の不存在定理によって論証されているように，意思決定される結果が一意的でなく，しかも，効率的になる保証はないのである．われわれは，政治的な解決方法によって定められる削減のプロセスにある種の不満と不効率性を感じることは避けられないのである．

次に，世界的な合意を実施する機構として，排出権市場の創設，共同実施，クリーン開発メカニズムなど魅力的な制度の導入が提案されている．このような提案には市場メカニズムの活用という性質が共通するといえるであろう．この市場メカニズムは，一つの世界共通のルールであり，このルールに従うことによって，効率的な削減案が実施されるであろうという期待がこの提案には込められていると解釈することもできるのである．この機構は，政治的な合意の過程を補完する機能を発揮すると期待される．その一方で，これらの市場の機能を活用する制度には，市場機構に内包される欠点がそのまま制度の問題点として現れる恐れがある．たとえば，国際間の所得配分の不平等は別の手段で解消されなければならない．また，不確実性，将来と現在の間の時間選好，情報の不完全性，市場を利用する主体として仮に先進諸国が途上国と比べて資金力などの点で優っているなどの理由から，市場そのものに歪みが生じる可能性が存在する．

市場機構の機能を活用することと同時に各経済主体を環境の対応に積極的に向かわせる方策が論じられなければならない．この観点からは，環境政策における企業の役割が明確にされなければならない．環境を良くするには，企業が進んで環境に取組むような体制が整備されることが必要であるとしても，現実には環境の取組みに熱心であるのは，資金力に余裕がある企業が中心であり，われわれは環境にまで手を出せない企業が大多数である現実を注視することが

何より大切である．

　環境と企業の関係を論じるとき，数年前までの議論の進め方では，環境問題に関する企業の責任が具体的な事例をあげて明確にされ，環境破壊につながる企業活動を特定して，禁止するような方策を論じることが主流であった．このような議論は，環境対策を推進する主要な主体として企業の役割を認めないで，企業を環境対策に消極的な存在であるとするものである．しかしながら，循環型社会を構築するためには，汚染物質の個々の排出主体が自律的に環境対策を進めることが不可欠である．そのためにも，企業には環境対策に後ろ向きであるという側面が現在でも多くの事例で確認されているとしても，企業が環境対策の有力な主体であることを認識すべきである．前述のように，企業にも多様性があり，この多様な企業集団を環境対策という一定の方向に向かわせる社会的な仕組みを作り上げることが必要である．この仕組みがうまく機能するためには，環境に関する技術開発競争が公正に行われるように監視したり，企業に対する廃棄物処理が適正に実施されるような法制度の整備など，企業が環境に取組むことによってより大きな利益を手にすることができる市場の整備が必要である．このような間接的な企業に対する規制や指導だけではなく，企業が利潤などの経営指標を見ながら日常の生産活動を行っているという事実を考慮して，企業活動を環境改善がその数値に明確に反映されるような新しい経営指標の考案にも重点が置かれるべきである．

　最後に，地球環境政策に関して多様な視点から活発に議論が展開されることが必要であるとしても，その分析の帰結は地球環境に責任を有する各主体がそれぞれの役割を適正に認識して，地球環境という共通のテーマに向かって自律的に取組む社会の仕組みを作り上げる方策を明示するものでなければならない．

田 中 廣 滋

## 索　引

### あ 行

| | |
|---|---|
| IPCC | 23, 46 |
| アグロフォレストリー | 36, 43, 44, 49 |
| アジェンダ21 | 22, 34 |
| 足尾製錬所 | 76 |
| あっせん | 93, 94, 95, 96 |
| インセンティブ | 58, 156, 167 |
| インセンティブの問題 | 159 |
| Wirl | 92, 101, 106, 107, 108 |
| Wellisch | 77 |
| エージェント | 103, 104 |
| エコマーク | 56 |
| エコラベル | 2 |
| 越境汚染 | 77, 79, 83, 85, 86, 87, 88 |
| 越境汚染問題 | 3, 75, 76 |
| NGO | 21, 37, 42, 43, 44, 46, 49 |
| NPO法（特定非営利活動促進法） | 129 |
| 欧州委員会 | 1 |
| 汚染者負担の原則 | 26, 106, 107, 109 |
| 汚染物質削減費用 | 114 |
| 汚染物質排出 | 86 |
| 温室効果ガス | 2 |
| 温室効果ガス排出削減 | 10 |

### か 行

| | |
|---|---|
| 外部性 | 92, 97, 101 |
| 外部不経済 | 92, 97, 99 |
| 課税 | 5 |
| 課徴金の導入 | 67, 69 |
| 加藤峰夫 | 107, 109 |
| 環境悪化 | 134 |
| 環境インフラ | 135 |
| 環境ODA | 34, 42, 46, 48 |
| 環境汚染 | 3 |
| 環境汚染責任 | 113 |
| 環境改善の収益率 | 155 |
| 環境関連援助 | 139 |
| 環境関連の債券発行 | 150 |
| 環境規制 | 111 |
| 環境規制作成過程 | 112 |
| 環境規制政策 | 125, 128 |
| 環境基本計画 | 54, 55 |
| 環境基本法 | 54 |
| 環境教育・環境学習 | 70 |
| 環境条約 | 29 |
| 環境税 | 30, 31, 45 |
| 環境政策 | 2, 58, 112, 134, 151, 153, 167 |
| 環境政策の失敗 | 134 |
| 環境政策目的 | 136 |
| 環境訴訟 | 114, 122 |
| 環境対策費 | 113, 121, 123, 159 |
| 環境調和型エネルギー | 31 |
| 環境調和型の価格体系 | 32 |
| 環境の質 | 59 |
| 環境破壊 | 133 |
| 環境破壊防止対策 | 128 |
| 環境負荷 | 25 |
| 環境保護運動 | 126 |
| 環境保護促進計画 | 140 |
| 環境保護対策 | 112, 113 |
| 環境保護団体 | 112, 113 |
| 環境保全活動 | 123 |
| 環境保全基金支援事業 | 139 |
| 環境保全行動 | 55, 58, 63 |
| 環境保全政策 | 112 |
| 環境保全対策 | 54, 116 |
| 間接効用関数 | 61, 66, 68 |
| 環八雲 | 75 |
| 気候変動枠組み条約 | 28, 29, 36 |
| 規制遵守 | 111 |
| 期待環境損失 | 116 |
| 期待社会的損失 | 123 |
| 義務緩和 | 29 |
| 競争条件の平等化 | 75 |
| 漁業補助金 | 2 |
| Kirchsteiger | 5 |
| クズネッツ曲線 | 133 |
| クラウディング・アウト | 64 |
| クリーン開発メカニズム | 37, 171 |
| グリーン税制 | 1, 6, 7, 19, 48 |
| クリーン燃料 | 88 |
| 経済開発 | 10 |
| 経済協力 | 137 |
| 限界費用 | 64 |

| | | | |
|---|---|---|---|
| 健康被害 | 113 | **さ 行** | |
| 顕示原理 | 103 | | |
| 公害苦情 | 93, 97, 98, | 最善の限界社会的厚生 | 166 |
| 公害苦情処理 | 93 | 裁定 | 93, 94, 95 |
| 公害苦情処理制度 | 99 | 最適化問題 | 114, 116, 117, 123, 128 |
| 公害裁判 | 111 | 裁判 | 92, 93, 102, 104, 113, 119, 121, 123 |
| 公害審査会 | 92, 94 | 再分配機構 | 3, 6, 9, 14 |
| 公害対策基本法 | 91 | Samuelson 条件 | 11 |
| 公害等調整委員会 | 93, 103, 108 | 参加制約 | 104 |
| 公害紛争 | 92 | 産業構造高度化 | 25 |
| 公害紛争処理制度 | 92 | 産業政策 | 154 |
| 公害紛争処理法 | 91, 93 | 酸性雨 | 21, 76, 77, 78, 86, 87, 132, 138 |
| 公害防止協定 | 99, 129 | 酸性霧 | 76 |
| 公共交通 | 77, 78, 86, 87 | GEF | 36, 37, 38, 39, 48 |
| 公共交通機関 | 78 | GEMS | 32, 36 |
| 公共交通の拡充 | 77, 83 | $CO_2$高排出車 | 7 |
| 公共交通の整備 | 77, 81, 86, 87 | $CO_2$低排出車 | 7 |
| 公共交通網 | 87 | ジェンダー | 25, 43 |
| 公共財 | 3, 4, 59, | 自家用自動車 | 77 |
| 公共財の私的供給 | 72 | 自家用自動車の利用 | 78, 82, 86 |
| 公共財の自発的な供給 | 3 | 市場的手段 | 92 |
| 交通基盤 | 75 | 市場の失敗 | 134 |
| 交通渋滞 | 75, 88 | 次善の限界社会的厚生 | 166 |
| 交通需要管理 | 88 | 私的交通手段 | 77 |
| 交通政策 | 75 | 私的情報 | 92, 100, 102 |
| 交通の効率的利用 | 75 | 自動車関係諸税の軽減措置 | 65 |
| 交通問題 | 75 | 自発的貢献 | 59, 62 |
| 交通容量 | 57 | 司法的解決 | 91, 92, 102, 104 |
| 功利主義的な社会的厚生関数 | 165 | 社会の純便益 | 102 |
| 効率的な内点解 | 11, 16 | 社会的損失関数 | 124 |
| コースの定理 | 41, 92, 105 | 柔軟な政策アプローチ | 135 |
| 国際的な越境汚染 | 107 | 自由貿易体制 | 18 |
| 国際的な協調 | 18 | 情報の非対称性 | 92, 97, 101, 107, 149, 156 |
| 国際的な合意 | 14 | 所得と環境の関係 | 133 |
| 国際的な厚生分析 | 19 | 所得の再分配機構 | 5, 9, 18 |
| 国家環境庁 | 28 | 所有権 | 135 |
| ゴミ処理 | 57, 61 | Silva | 77 |
| ゴミ処理容量 | 57 | Stackelberg 均衡 | 118 |
| ゴミの減量化 | 57, 58 | Stackelberg モデル | 14, 114 |
| ゴミの分別収集 | 57 | スモッグ | 75 |
| ゴミの有料化 | 67 | スルツキー方程式 | 62, 72 |
| コミュニティ | 40, 41, 43, 44, 46, 136 | 生活様式 | 54, 57 |
| コモンズ | 40, 41 | 政策手段 | 54, 65, 67, 135, 157, 167 |
| 混雑緩和 | 88 | 政策当局 | 112, 119 |
| 混雑費用 | 82 | 正常財 | 60 |
| | | 税制度 | 124, 128 |

| | |
|---|---|
| 政府開発援助（ODA） | 35, 44, 131, 137 |
| 政府住宅銀行（GHB） | 144, 147, 149 |
| 政府税制調査会 | 1 |
| 政府貯蓄銀行（GSB） | 141, 147, 149 |
| 政府の環境保全対策 | 59, 62 |
| 生物多様性条約 | 28 |
| 潜在価格 | 158, 165 |
| 損害賠償 | 93 |

## た 行

| | |
|---|---|
| タイ環境研究研修センター・プロジェクト | 139, 140 |
| 大気汚染 | 57, 61, 65, 78, 82, 85, 86, 87 |
| 大気汚染物質 | 75, 79, 87 |
| 大気汚染防止法 | 76 |
| 対症療法的な施策 | 57 |
| 対処療法的な対応 | 156 |
| タイの金融構造 | 148 |
| タイの経済危機 | 142 |
| タイの国内貯蓄 | 145 |
| 田中廣滋 | 167 |
| WTO | 1 |
| Tullock | 129, 130 |
| 炭素税 | 30, 31 |
| 端点解 | 10, 12, 71 |
| 地球温暖化 | 53 |
| 地球環境政策 | 170 |
| 地方公共財 | 77 |
| 地方公共財理論 | 86 |
| 地方自治体 | 92, 95, 96, 99, 100, 101 |
| 地方農村開発信用事業 | 140 |
| 地方のニーズ | 140 |
| 地方分権 | 87, 88 |
| 地方分権化 | 140 |
| 仲裁 | 93, 94, 95, 96 |
| 中立性の定理 | 72 |
| 長距離越境大気汚染条約（ジュネーブ条約） | 76 |
| 調停 | 91, 93, 94, 95, 96 |
| 直接規制 | 18, 92 |
| TEA 21 | 88 |
| Dixit | 129 |
| Tirole | 108 |
| 低公害車 | 58, 61 |
| 低公害車の開発 | 77 |
| 低燃費車 | 58, 61 |
| 手数料 | 67 |
| 典型7公害 | 97 |

| | |
|---|---|
| 当事者間の交渉 | 107 |
| 都市・生活型の環境問題 | 53, 57 |
| 都道府県連合審査会 | 108 |
| トリップ | 79, 81, 86, 88 |
| 取引費用 | 40, 92, 93, 99, 107 |

## な 行

| | |
|---|---|
| ナッシュ均衡 | 60, 102 |
| ナッシュ均衡の条件 | 82 |
| 日本自動車工業会 | 1 |

## は 行

| | |
|---|---|
| Huber | 92, 101, 106, 107, 108, 168 |
| バーゼル条約 | 29, 47 |
| 排気ガス | 76, 77 |
| 廃棄物 | 91, 94, 95, 97, 98 |
| 排出権 | 92 |
| 反応関数 | 115 |
| Baik と Shogren | 129 |
| BAAC ローン | 141 |
| 被害者負担原則 | 107 |
| 非協力ゲーム | 102 |
| 非効率な削減 | 12 |
| 非効率な端点解 | 16 |
| 批准猶予 | 30 |
| 品質競争 | 163 |
| Fudenberg | 108 |
| 不確実性 | 167 |
| Puppe | 5, 20 |
| プリンシパル | 103, 104 |
| プリンシパル―エージェンシー・モデル | 103, 104, 105, 108 |
| 分業体制の確立 | 137 |
| 分権的社会 | 77 |
| 分権的な地方政府 | 82, 85 |
| Heyes | 112, 129 |
| Heyes モデル | 112, 125 |
| 別子銅山 | 76 |
| 包括的金融再建策（包括的パッケージ） | 142, 147 |
| 法制度の整備 | 111 |
| 法的責任 | 112 |
| 補助金 | 5, 119, 166 |
| 補助金・課税政策 | 112, 121, 128, 129 |
| 補助金政策 | 136 |
| 補助金の導入 | 65, 68, 69 |

## ま　行

| | |
|---|---:|
| Myers | 77 |
| マイクロ・クレジット | 44, 46, 50 |
| 宮本憲一 | 109 |
| メカニズム設計 | 4 |
| モーダルシフト | 87 |
| モラル・ハザード | 41 |
| モントリオール議定書 | 24, 29, 49 |

## や　行

| | |
|---|---:|
| 誘因両立性 | 104 |
| UNEP | 21, 32, 35, 37, 38, 39, 44 |
| 横浜方式 | 99 |
| 四日市公害問題 | 76 |
| 予防原則 | 26 |
| 世論 | 113 |

## ら　行

| | |
|---|---:|
| Laffont | 108 |
| 利害調整 | 111 |
| リサイクル | 57 |
| リサイクル活動 | 55, 58, 61 |
| ロワの恒等式 | 62, 66 |

## わ　行

| | |
|---|---:|
| ワーク・シェアリング | 41, 43, 49 |
| ワシントン条約 | 2 |

## 執筆者紹介 (執筆順)　　　　　　　　　　　　　　　　　　　（2000年4月1日現在）

宇沢　弘文　中央大学研究開発機構教授
　　　　　　中央大学地球環境研究ユニット（CRUGE）責任者〔プロローグ、編集〕
内山　勝久　日本政策投資銀行・地球温暖化センター・副主任研究員〔プロローグ〕
田中　廣滋　中央大学経済学部教授〔第1・8章・エピローグ、編集〕
鳥飼　行博　東海大学教養学部生活学科教授〔第2章〕
平井　健之　香川大学経済学部助教授〔第3章〕
宮野　俊明　九州産業大学経済学部講師〔第4章〕
本間　　聡　中央大学大学院経済学研究科博士後期課程〔第5章〕
牛房　義明　中央大学大学院経済学研究科博士後期課程〔第6章〕
岸　　真清　中央大学商学部教授〔第7章〕

---

地球環境政策　　　　　　　　CRUGE 研究叢書　1

2000年3月20日　発行

　　　編　者　　中央大学地球環境研究推進委員会
　　　発行者　　中央大学出版部
　　　　　　　　代表者　辰川弘敬

東京都八王子市東中野 742-1
発行所　中央大学出版部
電話　0426 (74) 2351　振替 00180-6-8154

表紙デザイン／アート工房時遊人
©（検印廃止）

電算印刷・渋谷文泉閣

ISBN 4-8057-25001-1